ALEJANDRO JODOROWSKY & JUAN GIMENEZ

LA CASTE DES META-BARONS

TOME 7 • AGHORA LE PÈRE-MÈRE

LES HUMANOÏDES ASSOCIÉS

Dans le même univers :

L'INCAL
Par Alejandro Jodorowsky et Mœbius
Six volumes et un hors-série

AVANT L'INCAL
Par Alejandro Jodorowsky et Zoran Janjetov
Six volumes

APRÈS L'INCAL
Par Alejandro Jodorowsky, Mœbius et Ladrönn
Trois volumes

FINAL INCAL
Par Alejandro Jodorowsky et Ladrönn
Trois volumes

LA CASTE DES MÉTA-BARONS
Par Alejandro Jodorowsky et Juan Gimenez
Huit volumes et un hors-série

LES ARMES DU MÉTA-BARON
Par Alejandro Jodorowsky, Travis Charest et Zoran Janjetov

CASTAKA
Par Alejandro Jodorowsky et Das Pastoras

MÉTA-BARON
Par Alejandro Jodorowsky, Jerry Frissen et Valentin Sécher
Tome 1 • Wilhelm-100 le Techno-Amiral
Tome 2 • Khonrad l'Anti-Baron
Par Alejandro Jodorowsky, Jerry Frissen et Niko Henrichon
Tome 3 • Orne-8 le Techno-Cardinal
Tome 4 • Simak le Transhumain
Par Alejandro Jodorowsky, Jerry Frissen et Valentin Sécher
Tome 5 • Rina la méta-gardienne
Tome 6 • Sans-Nom le Techno-Baron
Par Alejandro Jodorowsky, Jerry Frissen et Pete Woods
Tome 7 • Adal le Bâtard

KILL TÊTE-DE-CHIEN
Par Brandon Thomas et Pete Woods

Le personnage du Méta-Baron a été créé par Alejandro Jodorowsky et Mœbius.

Sur **humano.com**, retrouvez l'actualité de vos séries, des concours, des lectures gratuites, des making-of et d'autres bonus.

Conception graphique : Jerry Frissen
Adaptation française : Éric Mettout
Lettrage : Philippe Glogowski

LA CASTE DES MÉTA-BARONS • TOME 7 • AGHORA LE PÈRE-MÈRE

Première édition : 2002 – Les Humanoïdes Associés
Nouvelle édition : 2015 – Les Humanoïdes Associés

Achevé d'imprimer en avril 2022 sur les presses de l'imprimerie Livonia, en Lettonie.

Troisième impression

Dépôt légal novembre 2015

ISBN : 978-2-7316-5345-8

AGGRRR
KRRIIIH!
ÇA SUFFIT, BIOCRÉTINS, NOUS NE SOMMES PAS COMESTIBLES !
TÊTES DE PALÉOMULES ! ACTIVE LE SUPRA-INFRASON, LOTHAR. ON VA LEUR ÉCLATER LES TYMPANS ...
C'EST TOUT CE QU'ILS MÉRITENT ! ILS ONT UN ÉTRON À LA PLACE DU CERVEAU !
SUPRA-INFRASON ACTIVÉ, TONTO !
JIMÉNEZ ©

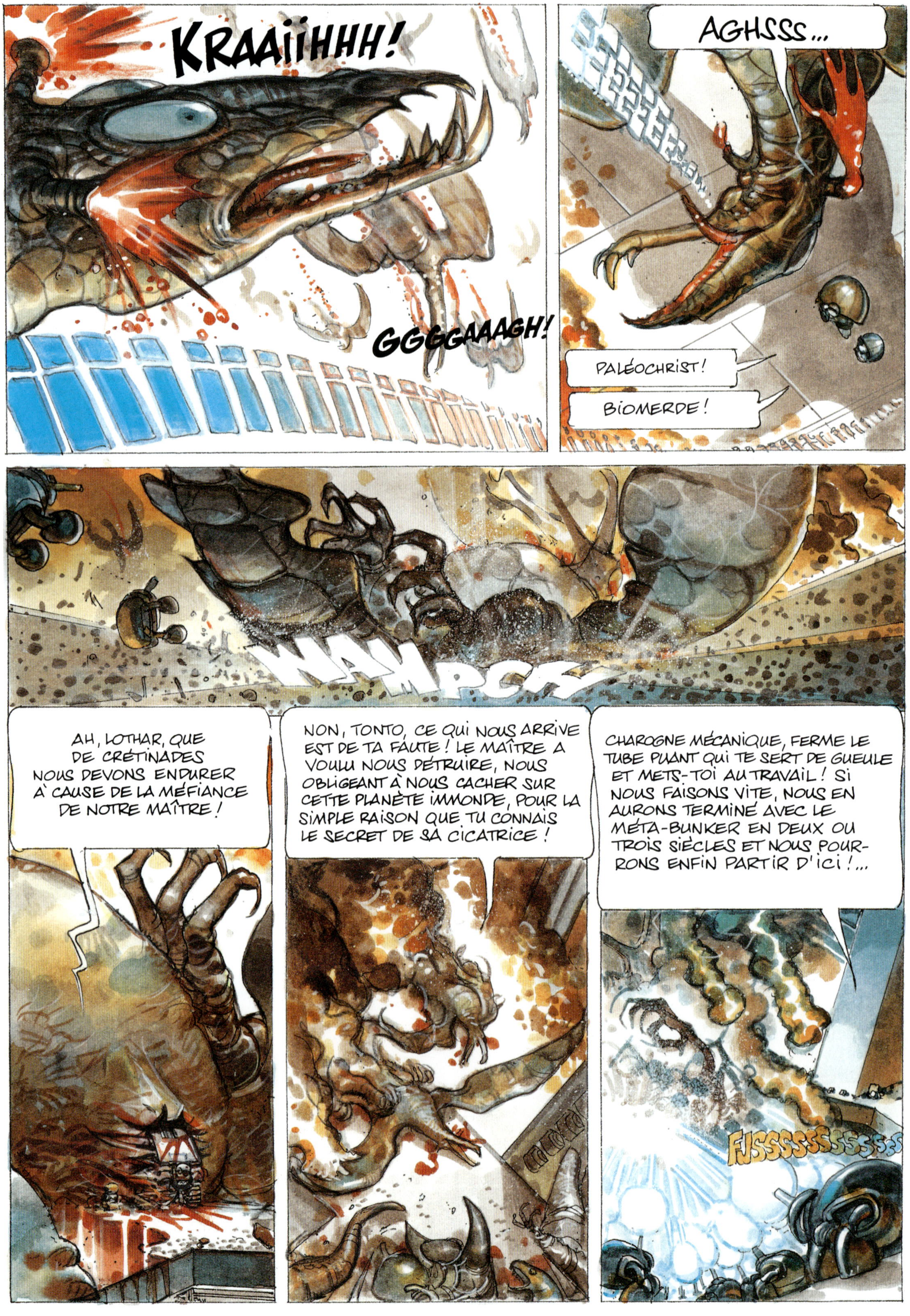
KRAAiiHHH!
GGGGAAAGH!
AGHSSS...
PALÉOCHRIST!
BIOMERDE!
WAMPCH
AH, LOTHAR, QUE DE CRÉTINADES NOUS DEVONS ENDURER À CAUSE DE LA MÉFIANCE DE NOTRE MAÎTRE!
NON, TONTO, CE QUI NOUS ARRIVE EST DE TA FAUTE! LE MAÎTRE A VOULU NOUS DÉTRUIRE, NOUS OBLIGEANT À NOUS CACHER SUR CETTE PLANÈTE IMMONDE, POUR LA SIMPLE RAISON QUE TU CONNAIS LE SECRET DE SA CICATRICE!
CHAROGNE MÉCANIQUE, FERME LE TUBE PUANT QUI TE SERT DE GUEULE ET METS-TOI AU TRAVAIL! SI NOUS FAISONS VITE, NOUS EN AURONS TERMINÉ AVEC LE MÉTA-BUNKER EN DEUX OU TROIS SIÈCLES ET NOUS POURRONS ENFIN PARTIR D'ICI!...
FJSSSSSSSSSSSS

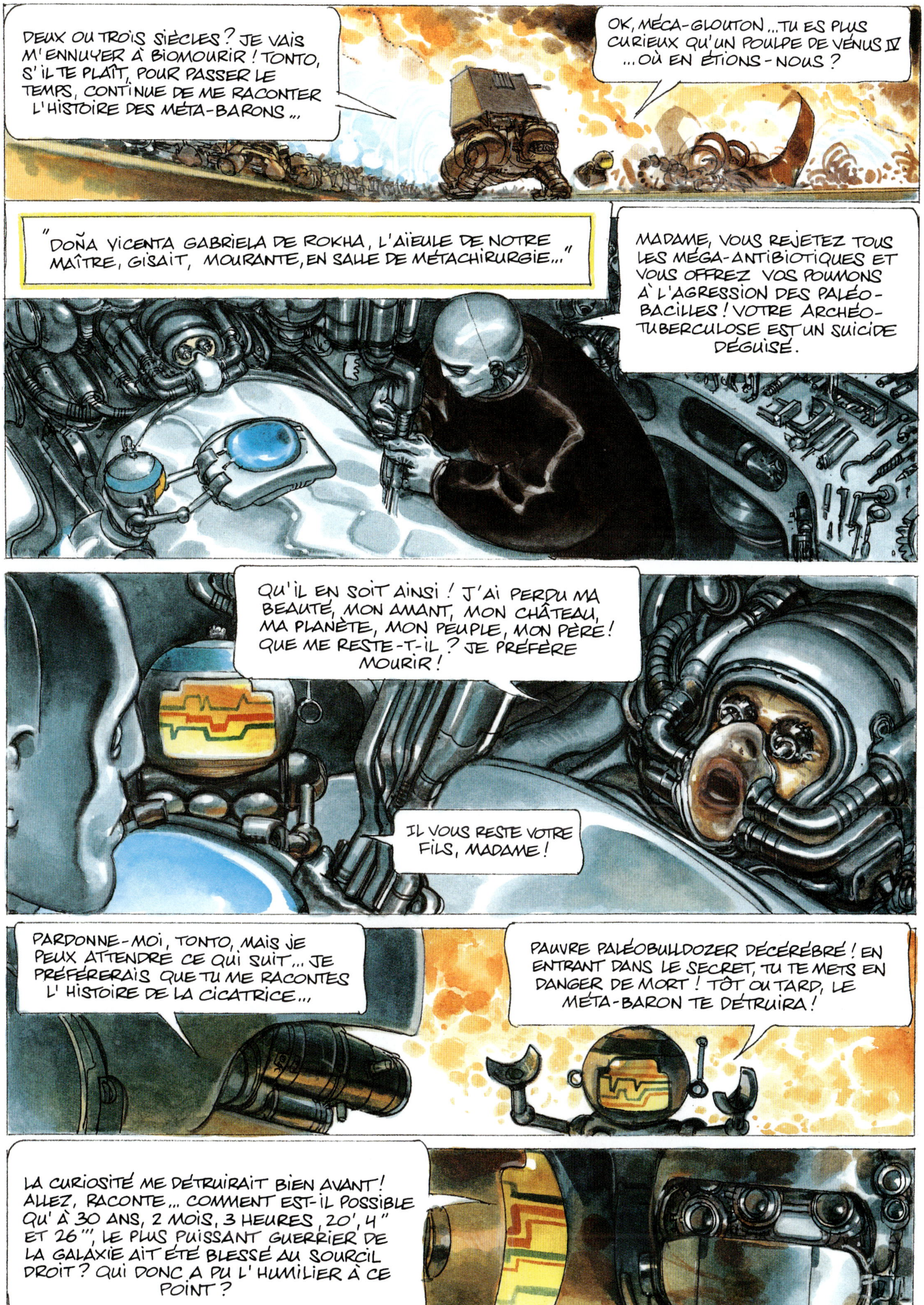
DEUX OU TROIS SIÈCLES ? JE VAIS M'ENNUYER À BIOMOURIR ! TONTO, S'IL TE PLAÎT, POUR PASSER LE TEMPS, CONTINUE DE ME RACONTER L'HISTOIRE DES MÉTA-BARONS...
OK, MÉCA-GLOUTON... TU ES PLUS CURIEUX QU'UN POULPE DE VÉNUS IV ...OÙ EN ÉTIONS-NOUS ?
"DOÑA VICENTA GABRIELA DE ROKHA, L'AÏEULE DE NOTRE MAÎTRE, GISAIT, MOURANTE, EN SALLE DE MÉTACHIRURGIE..."
MADAME, VOUS REJETEZ TOUS LES MÉGA-ANTIBIOTIQUES ET VOUS OFFREZ VOS POUMONS À L'AGRESSION DES PALÉO-BACILLES ! VOTRE ARCHÉO-TUBERCULOSE EST UN SUICIDE DÉGUISÉ.
QU'IL EN SOIT AINSI ! J'AI PERDU MA BEAUTÉ, MON AMANT, MON CHÂTEAU, MA PLANÈTE, MON PEUPLE, MON PÈRE ! QUE ME RESTE-T-IL ? JE PRÉFÈRE MOURIR !
IL VOUS RESTE VOTRE FILS, MADAME !
PARDONNE-MOI, TONTO, MAIS JE PEUX ATTENDRE CE QUI SUIT... JE PRÉFÉRERAIS QUE TU ME RACONTES L'HISTOIRE DE LA CICATRICE...
PAUVRE PALÉOBULLDOZER DÉCÉRÉBRÉ ! EN ENTRANT DANS LE SECRET, TU TE METS EN DANGER DE MORT ! TÔT OU TARD, LE MÉTA-BARON TE DÉTRUIRA !
LA CURIOSITÉ ME DÉTRUIRAIT BIEN AVANT ! ALLEZ, RACONTE... COMMENT EST-IL POSSIBLE QU'À 30 ANS, 2 MOIS, 3 HEURES, 20', 4" ET 26"', LE PLUS PUISSANT GUERRIER DE LA GALAXIE AIT ÉTÉ BLESSÉ AU SOURCIL DROIT ? QUI DONC A PU L'HUMILIER À CE POINT ?

TANT PIS POUR TOI, TECHNO-PACHYDERME ! DÉGAGE LES GRILLAGES CRASSEUX QUI OBSTRUENT TES OREILLES ET ÉCOUTE... CELUI QUI LE MARQUA AINSI NE FUT AUTRE QUE TÊTE-D'ACIER, SON AÏEUL !
IMPOSSIBLE ! AVEC TOUT LE RESPECT QUE MÉRITENT TES VÉNÉRABLES BANQUES DE DONNÉES, TU N'ES QU'UN VULGAIRE MENTEUR ! CHAQUE MÉTA-BARON DOIT TUER SON PÈRE...
PAR CONSÉQUENT, AVANT QUE NOTRE MAÎTRE ACTUEL NE SOIT NÉ, SON PÈRE A DÛ TUER SON GRAND-PÈRE. SANS QUOI, LA LOI DE LA CASTE AURAIT ÉTÉ TRAHIE ET LES MÉTA-BARONS SERAIENT UNE DUPERIE. JE SENS QUE JE SUIS EN TRAIN DE CARBONISER QUELQUES DIODES !
DU CALME, MÉCA-MONGOLOÏDE ! LA LOI NE FUT PAS TRAHIE, ET POURTANT LES CHOSES SE SONT PASSÉES AINSI. LAISSE-MOI TE RACONTER L'HISTOIRE DANS L'ORDRE CHRONOLOGIQUE... PEUT-ÊTRE, AINSI, TES MICROSCOPIQUES CIRCUITS CÉRÉBRAUX PARVIENDRONT-ILS À COMPRENDRE ...
MADAME, VOUS ÊTES ENCEINTE DE JUMEAUX. UN MÂLE ET UNE FEMELLE. VOTRE EXTRÊME FAIBLESSE NE PERMETTRA PAS QUE LES DEUX VIVENT. IL FAUT EN SACRIFIER UN.
LE GARÇON EST DE TOI. LES CASTAKA NE PEUVENT ENGENDRER QUE DES MÂLES. LA FILLE EST DE KRLEZA, MON AMOUR...
KOF, KOF ! TU VAS SAUVER LE GARÇON !
ET TU L'ÉLÈVERAS EN VUE D'EN FAIRE UN ASSASSIN IMPLACABLE ! KOOF ! POURQUOI CONTINUER À VIVRE ?
ET SI JE CHOISIS LA FEMELLE, MADAME ?
KOOF ! TU NE PEUX PAS ! CE SERAIT TRAHIR TA CASTE !

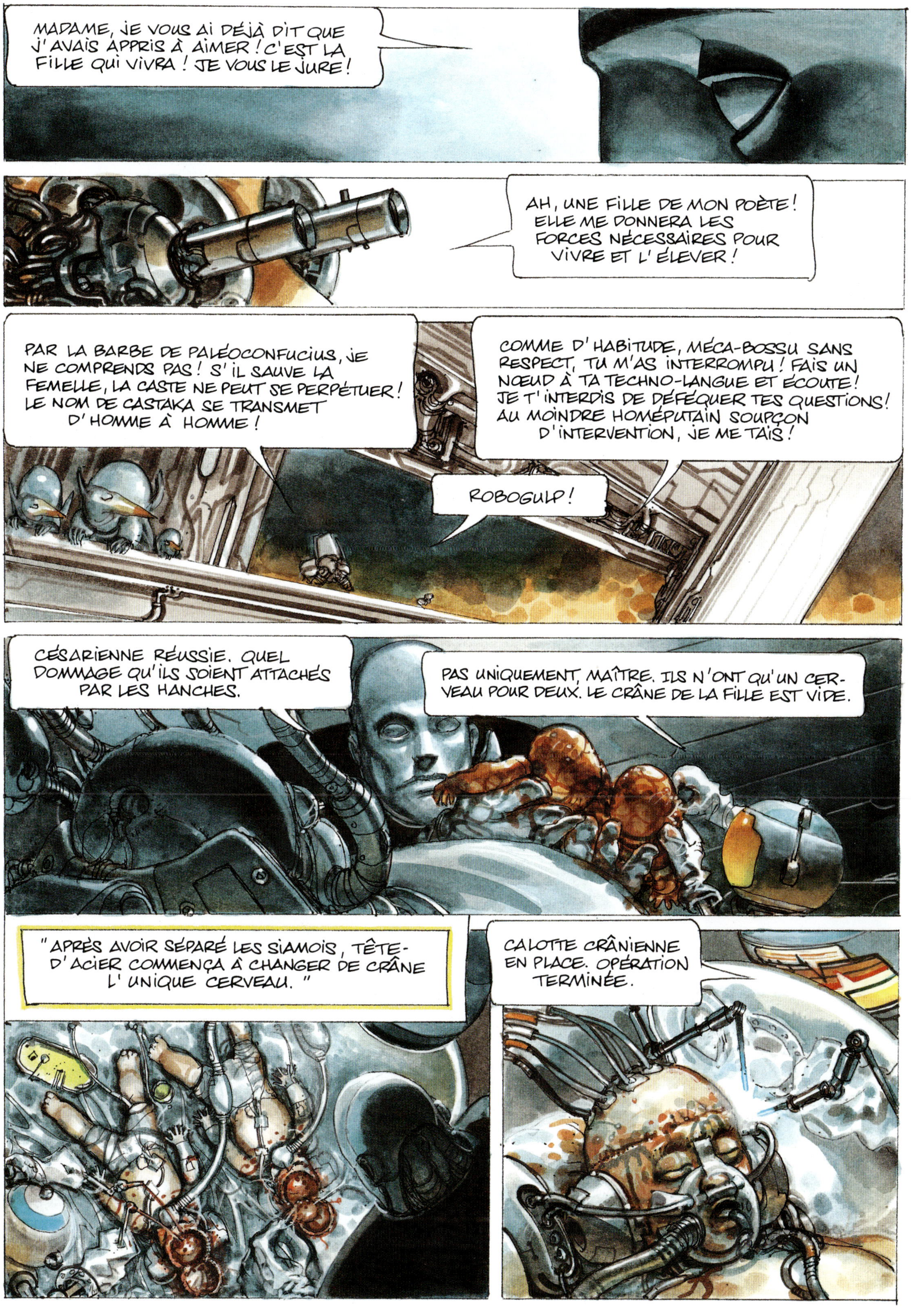
MADAME, JE VOUS AI DÉJÀ DIT QUE J'AVAIS APPRIS À AIMER ! C'EST LA FILLE QUI VIVRA ! JE VOUS LE JURE !
AH, UNE FILLE DE MON POÈTE ! ELLE ME DONNERA LES FORCES NÉCESSAIRES POUR VIVRE ET L'ÉLEVER !
PAR LA BARBE DE PALÉOCONFUCIUS, JE NE COMPRENDS PAS ! S'IL SAUVE LA FEMELLE, LA CASTE NE PEUT SE PERPÉTUER ! LE NOM DE CASTAKA SE TRANSMET D'HOMME À HOMME !
COMME D'HABITUDE, MÉCA-BOSSU SANS RESPECT, TU M'AS INTERROMPU ! FAIS UN NOEUD À TA TECHNO-LANGUE ET ÉCOUTE ! JE T'INTERDIS DE DÉFÉQUER TES QUESTIONS ! AU MOINDRE HOMÉPUTAIN SOUPÇON D'INTERVENTION, JE ME TAIS !
ROBOGULP !
CÉSARIENNE RÉUSSIE. QUEL DOMMAGE QU'ILS SOIENT ATTACHÉS PAR LES HANCHES.
PAS UNIQUEMENT, MAÎTRE. ILS N'ONT QU'UN CERVEAU POUR DEUX. LE CRÂNE DE LA FILLE EST VIDE.
" APRÈS AVOIR SÉPARÉ LES SIAMOIS, TÊTE-D'ACIER COMMENÇA À CHANGER DE CRÂNE L'UNIQUE CERVEAU. "
CALOTTE CRÂNIENNE EN PLACE. OPÉRATION TERMINÉE.

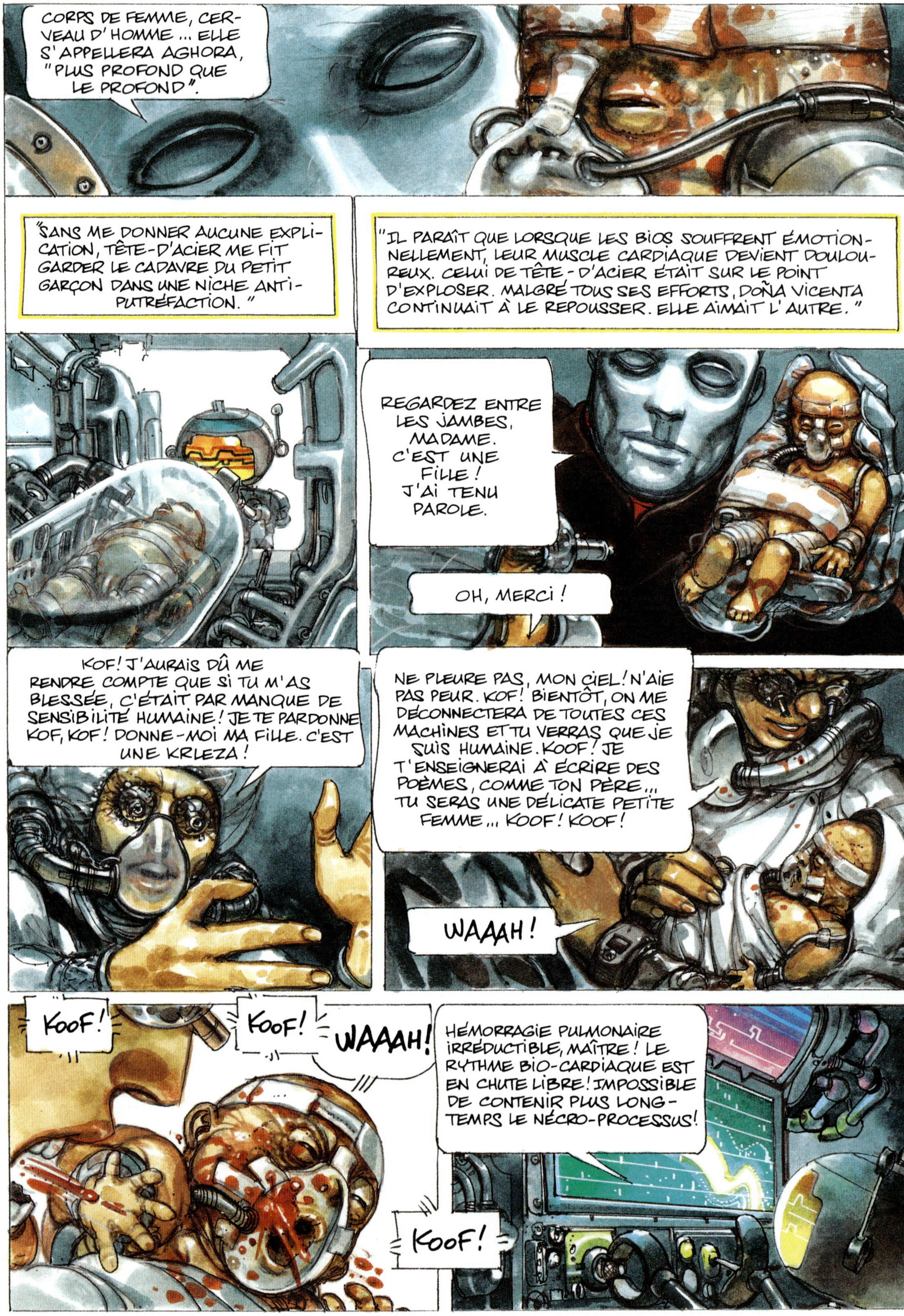

CORPS DE FEMME, CERVEAU D'HOMME ... ELLE S'APPELLERA AGHORA, "PLUS PROFOND QUE LE PROFOND".
"SANS ME DONNER AUCUNE EXPLICATION, TÊTE-D'ACIER ME FIT GARDER LE CADAVRE DU PETIT GARÇON DANS UNE NICHE ANTI-PUTRÉFACTION."
"IL PARAÎT QUE LORSQUE LES BIOS SOUFFRENT ÉMOTIONNELLEMENT, LEUR MUSCLE CARDIAQUE DEVIENT DOULOUREUX. CELUI DE TÊTE-D'ACIER ÉTAIT SUR LE POINT D'EXPLOSER. MALGRÉ TOUS SES EFFORTS, DOÑA VICENTA CONTINUAIT À LE REPOUSSER. ELLE AIMAIT L'AUTRE."
REGARDEZ ENTRE LES JAMBES, MADAME. C'EST UNE FILLE ! J'AI TENU PAROLE.
OH, MERCI !
KOF ! J'AURAIS DÛ ME RENDRE COMPTE QUE SI TU M'AS BLESSÉE, C'ÉTAIT PAR MANQUE DE SENSIBILITÉ HUMAINE ! JE TE PARDONNE KOF, KOF ! DONNE-MOI MA FILLE. C'EST UNE KRLEZA !
NE PLEURE PAS, MON CIEL ! N'AIE PAS PEUR. KOF ! BIENTÔT, ON ME DÉCONNECTERA DE TOUTES CES MACHINES ET TU VERRAS QUE JE SUIS HUMAINE. KOOF ! JE T'ENSEIGNERAI À ÉCRIRE DES POÈMES, COMME TON PÈRE... TU SERAS UNE DÉLICATE PETITE FEMME... KOOF ! KOOF !
WAAAH !
KOOF !
KOOF !
WAAAH !
HÉMORRAGIE PULMONAIRE IRRÉDUCTIBLE, MAÎTRE ! LE RYTHME BIO-CARDIAQUE EST EN CHUTE LIBRE ! IMPOSSIBLE DE CONTENIR PLUS LONGTEMPS LE NÉCRO-PROCESSUS !
KOOF !

JE... REGRETTE... ...MON... AMI...
TU NE PEUX PAS ME FAIRE ÇA, VICENTA ! J'AI TENU PAROLE, PAS TOI ! TU M'AS PROMIS DE VIVRE POUR ÉLEVER TA FILLE ! JE T'INTERDIS DE MOURIR !
KOOF !
TAIS-TOI, PETITE... LES BIO-SANGLOTS SONT UNE MANIFESTATION SANS LOGIQUE...
WAAAH ! WAAH !
" ALORS, TÊTE-D'ACIER LA COUVRIT D'UNE CAPE D'OMNICRYOGELANT, QUI GELA TOUS SES PROCESSUS BIOLOGIQUES. INCONSCIENTE, SA FEMME AGONISERAIT PENDANT UN TEMPS INFINI. "
JE TE GARDE ICI, DANS CE MONDE ! TU AS DES DEVOIRS DE MÈRE ! TU SERAS TÉMOIN DE L'ÉDUCATION D'AGHORA !
"AINSI, DOÑA VICENTA GABRIELA DE ROKHA FUT-ELLE PLACÉE COMME UNE ICÔNE DANS LA SALLE D'ARMES."
D'ICI, TU SURVEILLERAS LES PROGRÈS DE TON REJETON, FEMELLE KRLEZA À L'EXTÉRIEUR, MÂLE CASTAKA À L'INTÉRIEUR. LE CERVEAU NOUS DÉFINIT PLUS QUE LE CORPS. JE FERAI DE TA "FILLE" UN GUERRIER INVINCIBLE !
MAIS C'EST UNE PALÉOTRAGÉDIE GRECQUE ! PAUVRE HERMAPHRODITE : SANS GLANDES MAMMAIRES AUXQUELLES TÉTER CE LIQUIDE BLANC FAIT DE PROTÉINES, DE GLUCOSE, D'ANTICORPS, DE VITAMINES ET DE GRAISSE... COMMENT A-T-ELLE SURVÉCU ?
PHÉNOMÉNAL ROBOCRÉTIN : TU CROIS PEUT-ÊTRE QUE LES DEUX BIO-MAMELLES DE SA MÈRE ÉTAIENT LES SEULES PROTUBÉRANCES PECTORALES DE LA GALAXIE ?

"TÊTE-D'ACIER LUI DONNA POUR NOURRICE UNE TARENTULOUVE, L'ANIMAL LE PLUS DANGEREUX DU SYSTÈME, PRODUIT D'UNE EXPÉRIENCE GÉNÉTIQUE STUPIDE. PLUSIEURS FOIS, ELLE FAILLIT DÉVORER LA PETITE."
"MAIS AGHORA ÉTAIT DOTÉE D'UNE TELLE VOLONTÉ QU'À CINQ ANS ELLE AVAIT DOMPTÉ ET TRANSFORMÉ EN MONTURE DOCILE LA TARENTULOUVE, S'INVENTANT AVEC ELLE DES JEUX RISQUÉS."
HUE, DEYANIRA, BOUGE VITE TES PATTES ! NOUS DEVONS FAIRE LE TOUR COMPLET DU MÉTA-BUNKER POUR ÉLIMINER TOUS LES AÉROLITHES !
"QUAND AGHORA, APRÈS LA PLUS INTENSE ET CRUELLE DES ÉDUCATIONS GUERRIÈRES, EUT ATTEINT L'ÂGE DE SEPT ANS, ELLE DUT ÉVALUER SA RÉSISTANCE À LA DOULEUR."
NOUS ALLONS VOIR SI TU MÉRITES D'ÊTRE UN MÉTA-BARON. CETTE MACHINE ARCHAÏQUE SERVAIT À DÉCOUPER EN TRANCHES UN METS MYSTÉRIEUX QUE NOS ANCÊTRES APPELAIENT JAMBON.

METS TA MAIN GAUCHE ICI. NOUS ALLONS TESTER TES CAPACITÉS DE RÉSISTANCE. JE TE SOUMETTRAI AUX COUPES LES PLUS FINES. ET J'ESPÈRE QUE TU NE NOUS DÉCEVRAS PAS, NI TA MÈRE NI MOI...
JE NE VOUS DÉCEVRAI PAS, PÈRE.
TOUS TES DOIGTS SONT COUPÉS EN LAMELLES. TU CONTINUES ?
JE CONTINUE.
TOUTE LA MAIN. ENCORE ?
ENCORE.
L'AVANT-BRAS TOUT ENTIER ! ON ARRÊTE ?
NON.
ÇA SUFFIT POUR AUJOURD'HUI !
CLIC !
SANS UNE PLAINTE, SANS VERSER UNE LARME ! ET TU VOULAIS CONTINUER ! BRAVO ! TU ES UNE CASTAKA !
TU AS GAGNÉ UNE SUPERMAIN ! TA MÈRE ET MOI SOMME TRÈS FIERS. MAIS...

VEUX-TU DOMPTER CE CORPS FÉMININ DANS LEQUEL EST ENFERMÉ TON CERVEAU VIRIL? ÇA N'EST QU'AINSI QUE TU POURRAS TE CONSIDÉRER COMME UN HOMME...
CHAF!
C'EST CE QUE MON ÂME DÉSIRE LE PLUS!
TES SEINS NE POUSSERONT JAMAIS. MAINTENANT, JE VAIS POUVOIR T'APPELER "FILS". TA VRAIE INITIATION COMMENCE!
MERCI, PÈRE.
AÏE! LA NANOPUCE DE MON SYSTÈME LOGIQUE EST EN TRAIN DE CRAMER! AGHORA SERA UN HOMME DANS TOUTES LES PARTIES DE SON CORPS, SAUF LE BAS-VENTRE. SANS TUBE ÉRECTO-RÉTRACTILE, IL NE PEUT ENGENDRER UN NOUVEAU MÉTA-BARON.
TAS DE BOUE MÉTALLIQUE SANS FOI NI IMAGINATION! AGHORA A PU ENGENDRER UN FILS PUISQUE SANS-NOM, LE DERNIER MÉTA-BARON, CELUI DE LA CICATRICE AU SOURCIL, EST NÉ!
S'IL AVAIT ÉTÉ ADOPTÉ, LE SANG DES CASTAKA NE COULERAIT PAS DANS SES VEINES ET CE SERAIT UNE TROMPERIE! POSSIBILITÉ ÉCARTÉE! EN TOUTE LOGIQUE, C'EST DONC TÊTE-D'ACIER QUI A INTRODUIT SON TUBE SENSIBLE DANS L'ORIFICE REPRODUCTEUR DE SA FILLE!
MÉCA-DÉGÉNÉRÉ POLYMORPHE! TU VOIS L'INCESTE PAR TOUS LES BOUTS! TU TE PRENDS POUR PALÉOFREUD! DANS LES VEINES DE NOTRE MAÎTRE COULE LE SANG DES CASTAKA SANS QU'IL SOIT LE FILS DE SON GRAND-PÈRE! OBSTRUE LE CLOAQUE D'OÙ ÉMERGE TA VOIX SYNTHÉTIQUE ET ÉCOUTE, EN SILENCE, LA SUITE DE L'HISTOIRE...

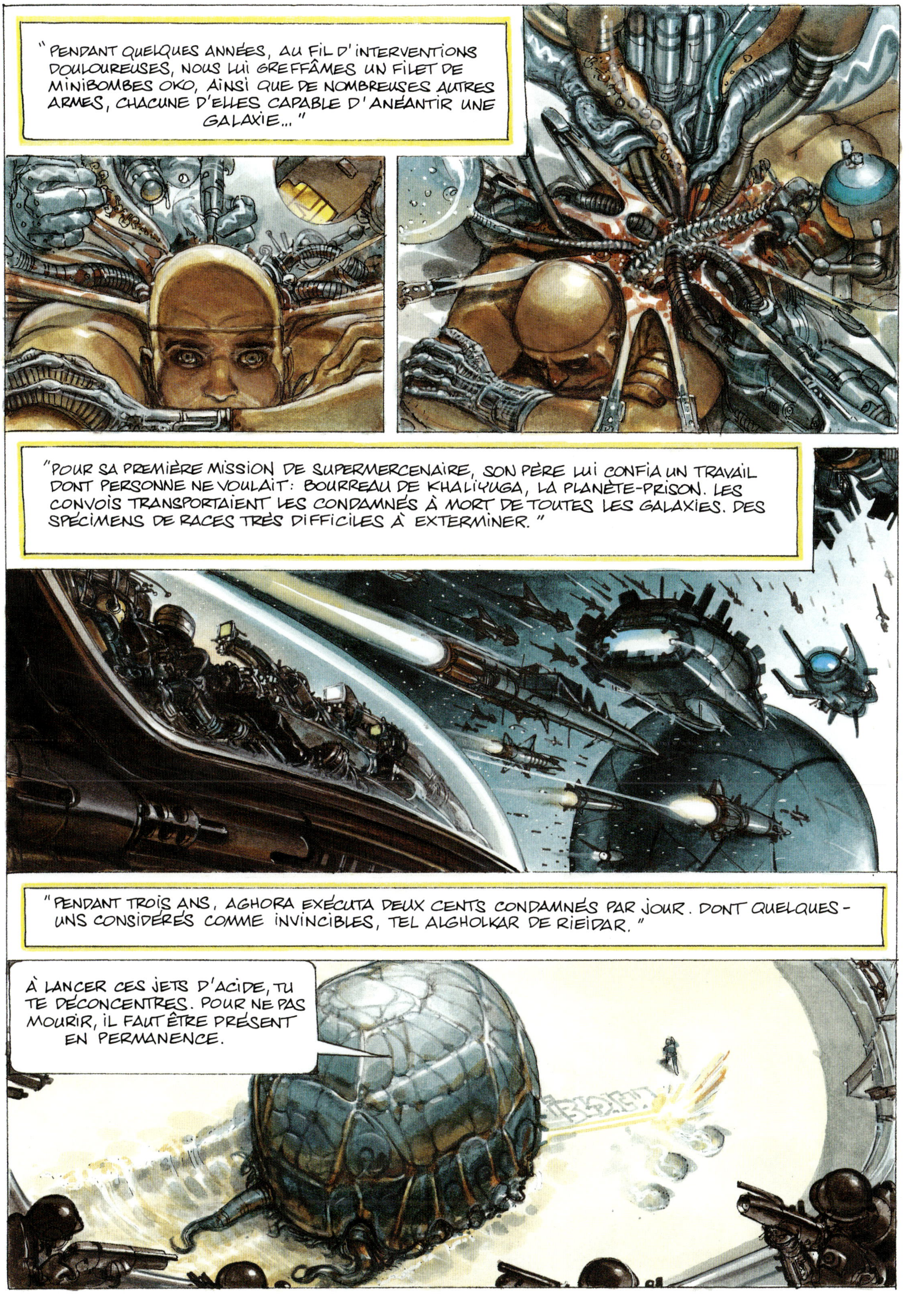
"PENDANT QUELQUES ANNÉES, AU FIL D'INTERVENTIONS DOULOUREUSES, NOUS LUI GREFFÂMES UN FILET DE MINIBOMBES OKO, AINSI QUE DE NOMBREUSES AUTRES ARMES, CHACUNE D'ELLES CAPABLE D'ANÉANTIR UNE GALAXIE..."
"POUR SA PREMIÈRE MISSION DE SUPERMERCENAIRE, SON PÈRE LUI CONFIA UN TRAVAIL DONT PERSONNE NE VOULAIT : BOURREAU DE KHALIYUGA, LA PLANÈTE-PRISON. LES CONVOIS TRANSPORTAIENT LES CONDAMNÉS À MORT DE TOUTES LES GALAXIES. DES SPÉCIMENS DE RACES TRÈS DIFFICILES À EXTERMINER."
"PENDANT TROIS ANS, AGHORA EXÉCUTA DEUX CENTS CONDAMNÉS PAR JOUR. DONT QUELQUES-UNS CONSIDÉRÉS COMME INVINCIBLES, TEL ALGHOLKAR DE RIEIDAR."
À LANCER CES JETS D'ACIDE, TU TE DÉCONCENTRES. POUR NE PAS MOURIR, IL FAUT ÊTRE PRÉSENT EN PERMANENCE.

"O KRGTPAH, UN SEMI-LÉZARD MULTIPLICATOR, DU SYSTÈME OCTOSOLAIRE DE PENGRIX."
GGAAGGHH !
GRIIIK
MEURS !
GRIIKK ! GRIKK !
JE VOIS : PLUS JE LES COUPE, PLUS ILS SE MULTIPLIENT !
IL FAUT VARIER LES ARMES SELON LES CIRCONSTANCES, M'A ENSEIGNÉ MON PÈRE !

"O FRESTHYUIZ, D'ACQUAEND. UN TRAÎTRE VÉNÉNEUX."
GAAGLH GOOHFG GNNN!
UNE BÊTE STUPIDE MÉRITE UNE MORT STUPIDE !
VAINCRE OU MOURIR !
CETTE FOIS, TONTO, JE NE DIRAI RIEN, ET BIEN QUE J'EN MEURE D'ENVIE, JE NE TE POSERAI PAS DE QUESTION !
MÉCA-FRIMEUR : TAIS-TOI, SANS CAQUETER QUE TU TE TAIS ! JE CONTINUE : PENDANT CES TROIS ANNÉES, AGHORA ÉLIMINA PLUS DE CENT MILLE CRIMINELS. DANS LE MÊME TEMPS, DANS LA SOLITUDE DU MÉTA-BUNKER, TÊTE-D'ACIER SE SOUMETTAIT JOUR APRÈS JOUR À DE CRUELLES OPÉRATIONS...

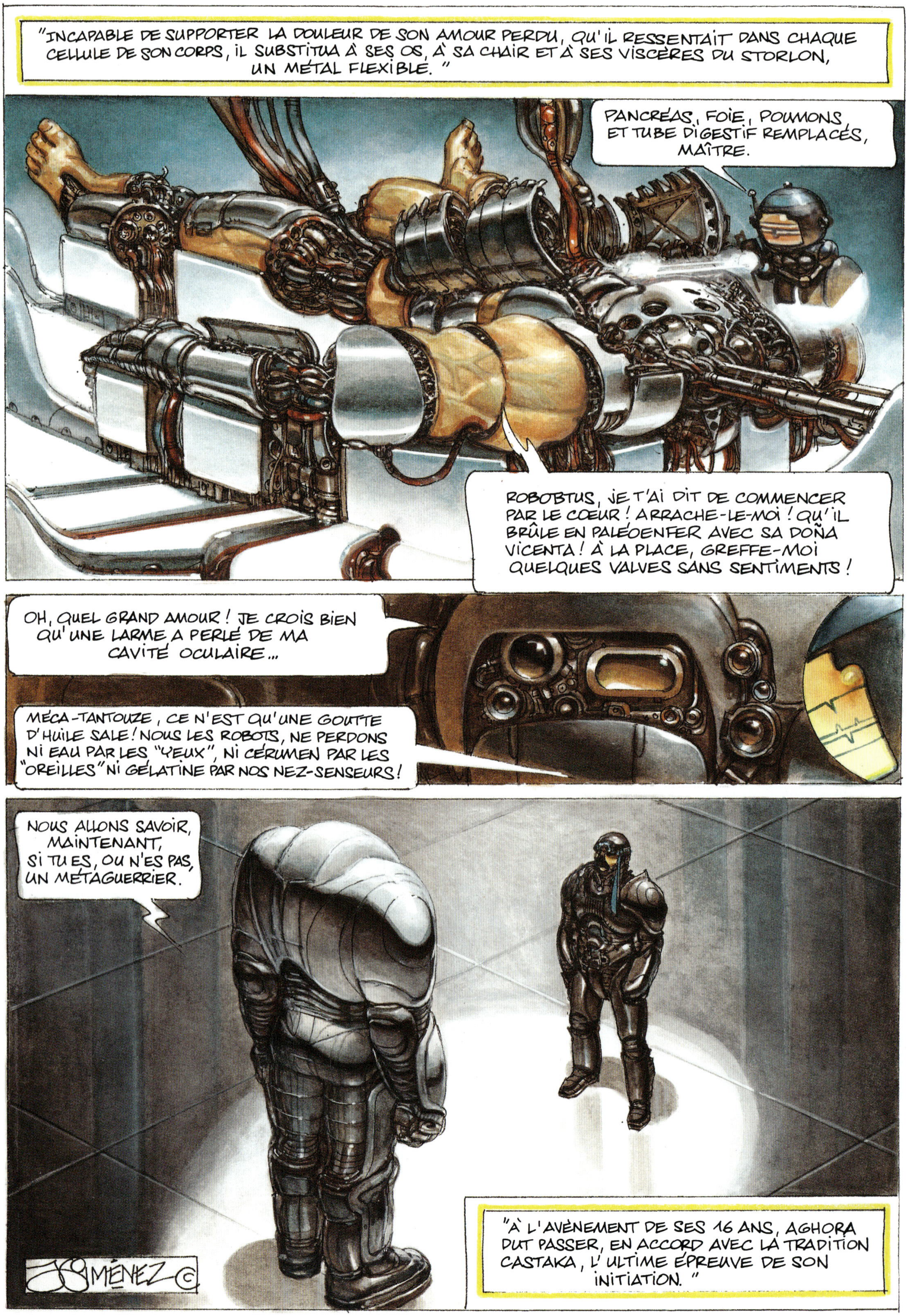
"INCAPABLE DE SUPPORTER LA DOULEUR DE SON AMOUR PERDU, QU'IL RESSENTAIT DANS CHAQUE CELLULE DE SON CORPS, IL SUBSTITUA À SES OS, À SA CHAIR ET À SES VISCÈRES DU STORLON, UN MÉTAL FLEXIBLE."
PANCRÉAS, FOIE, POUMONS, ET TUBE DIGESTIF REMPLACÉS, MAÎTRE.
ROBOBTUS, JE T'AI DIT DE COMMENCER PAR LE COEUR ! ARRACHE-LE-MOI ! QU'IL BRÛLE EN PALÉOENFER AVEC SA DOÑA VICENTA ! À LA PLACE, GREFFE-MOI QUELQUES VALVES SANS SENTIMENTS !
OH, QUEL GRAND AMOUR ! JE CROIS BIEN QU'UNE LARME A PERLÉ DE MA CAVITÉ OCULAIRE...
MÉCA-TANTOUZE, CE N'EST QU'UNE GOUTTE D'HUILE SALE ! NOUS LES ROBOTS, NE PERDONS NI EAU PAR LES "YEUX", NI CÉRUMEN PAR LES "OREILLES" NI GÉLATINE PAR NOS NEZ-SENSEURS !
NOUS ALLONS SAVOIR, MAINTENANT, SI TU ES, OU N'ES PAS, UN MÉTAGUERRIER.
"À L'AVÈNEMENT DE SES 16 ANS, AGHORA DUT PASSER, EN ACCORD AVEC LA TRADITION CASTAKA, L'ULTIME ÉPREUVE DE SON INITIATION."
JIMÉNEZ ©

BATTONS-NOUS ! OU TU ME TUES, OU JE TE TUE !
AVEC QUELLES ARMES ?
POUR RESPECTER LE BUSHITAKA, AVEC DE SIMPLES ÉPÉES PALÉOMÉDIÉVALES.
MADAME, SI AGHORA M'ÉLIMINE, IL EST UN CASTAKA. SI JE VAINCS, J'AURAIS SEULEMENT TUÉ UNE KRLEZA.
QU'IL EN SOIT AINSI : QUE LE FIL DE L'ÉPÉE DÉCIDE !

" LES TITANS COMBATTIRENT, D'ÉGAL À ÉGAL, SANS POUVOIR SE PORTER UNE SEULE ESTAFILADE, PENDANT DEUX JOURS. "
" À L'AUBE DU TROISIÈME JOUR, AGHORA PERÇA LA DÉFENSE DE SON PÈRE ET LUI ASSÉNA À LA CEINTURE UN TERRIBLE COUP DOUBLE QUI AURAIT DÛ LE COUPER EN DEUX... "
"... MAIS TÊTE-D'ACIER, SANS ACCUSER LE COUP, CONTINUA À COMBATTRE. "
C'EST IMPOSSIBLE !
TRAHISON ! TU T'ES DOTÉ D'UN CORPS MÉTALLIQUE INVULNÉRABLE ! AUCUNE ARME BLANCHE NE PEUT TE BLESSER !

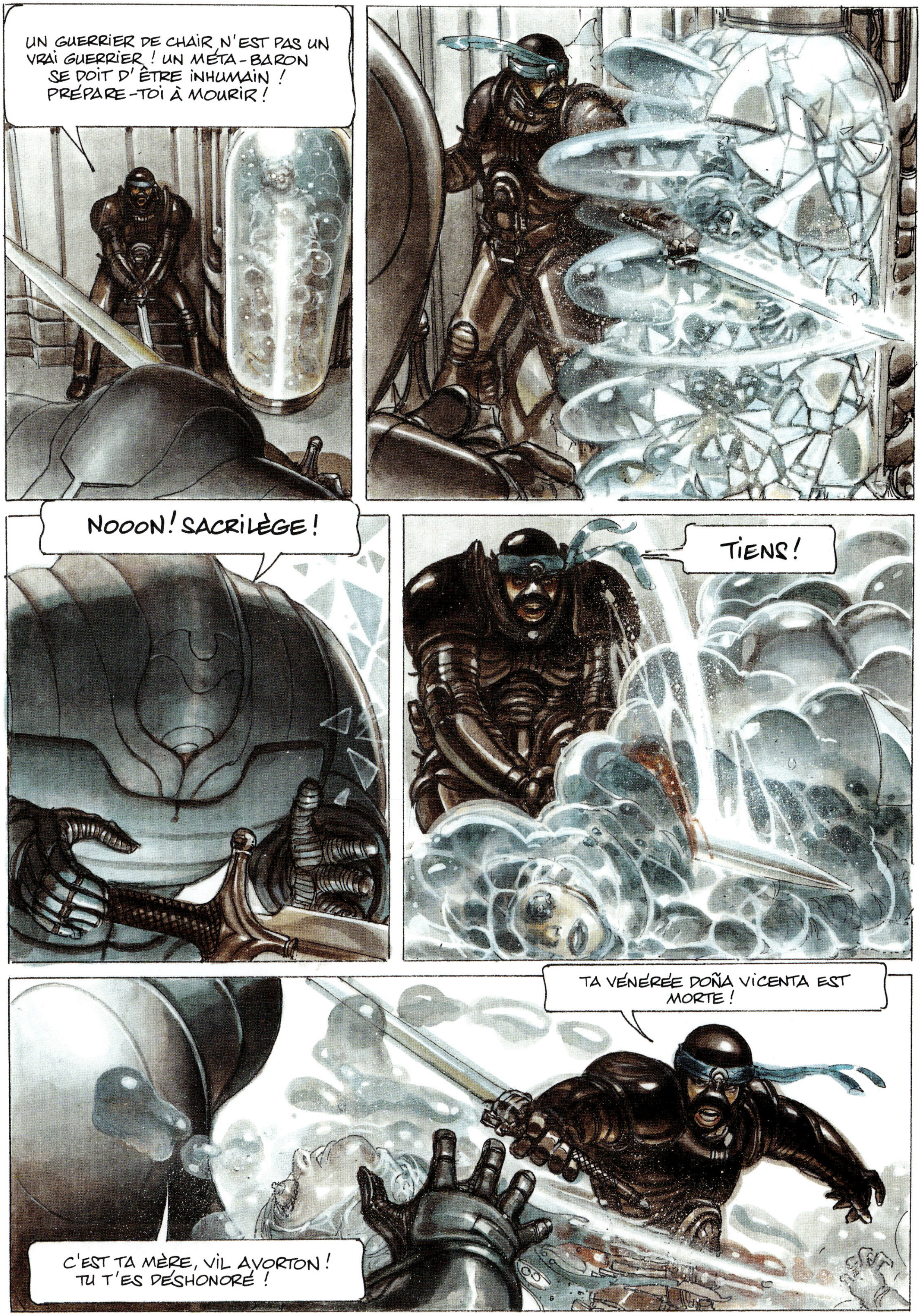
UN GUERRIER DE CHAIR N'EST PAS UN VRAI GUERRIER ! UN MÉTA-BARON SE DOIT D'ÊTRE INHUMAIN ! PRÉPARE-TOI À MOURIR !
NOOON ! SACRILÈGE !
TIENS !
TA VÉNÉRÉE DOÑA VICENTA EST MORTE !
C'EST TA MÈRE, VIL AVORTON ! TU T'ES DÉSHONORÉ !

MADAME, JE VAIS VOUS RECONSTITUER, JE LE JURE ! VOUS RÉGNEREZ SUR MON MONDE À JAMAIS !
SI JE NE PEUX TE TUER, JE PEUX T'IMMOBILISER !
L'AMOUR EST LE PLUS GRAND ENNEMI DU GUERRIER !
À CAUSE DE LUI, TU AS PERDU, JE SUIS LE NOUVEAU MÉTA-BARON !

"ET C'EST AINSI QUE TÊTE-D'ACIER FUT LANCÉ VERS LE COSMOS... ET SE PERDIT DANS L'ESPACE INFINI."
AÏE, AÏE, AÏE ! JE COMPRENDS ENFIN ! AU BOUT DE QUELQUES ANNÉES, TÊTE-D'ACIER S'EST LIBÉRÉ ET EST REVENU SE VENGER. ET C'EST AINSI QU'IL A HUMILIÉ NOTRE MAÎTRE, LUI CAUSANT CETTE BLESSURE AU SOURCIL...
MÉCA-DÉCHET ! PALÉO-PERROQUET ! SI TU SAIS TOUT, CONTINUE À RACONTER L'HISTOIRE ! MOI, JE ME TAIS !
PARDON, TONTO. PUNIS-MOI, DONNE-MOI À BOIRE DE L'HUILE MAL FILTRÉE, MAIS PARLE-MOI.
SI TU VEUX QUE JE CONTINUE MON HISTOIRE, UN "PARDON" NE SUFFIT PAS. TU DOIS ME LE RÉPÉTER UN MILLION DE FOIS.
...PARDON, PARDON ET PARDON. OUF ! UN MILLION ! J'AI ACCOMPLI MA PÉNITENCE... MAINTENANT, CONTINUE À RACONTER, S'IL TE PLAÎT...
BIEN, CASSEROLE SANS ROBOCERVEAU, ALLONS-Y...
" PENDANT TROIS ANS, LE NOUVEAU MÉTA-BARON ATTENDIT EN VAIN QUE LA COUR IMPÉRIALE LUI CONFIE UNE MISSION."
C'EST DÉJÀ VOTRE CINQUIÈME VERRE DE GANIA, MAÎTRE ! ATTENTION : POSSIBLE PERTE DE CONTRÔLE !
NE T'EN FAIS PAS, NABOT. SI C'ÉTAIT LE CAS, DEYANIRA POURRAIT ENCORE ME DÉFENDRE...

MAIS QUE SE PASSE-T-IL ? QUELQUE CHOSE OU QUELQU'UN ENVAHIT NOTRE UNIVERS, ET PERSONNE NE M'APPELLE ! POURQUOI ?
" PLUS TARD, LES ANTI-NAVIRES DÉTRUISIRENT SANS PITIÉ LE SYSTÈME MONOSOLAIRE VURFNIL-BETA. "
CES CRAPULES ESSAYENT DE S'EMPARER DE NOTRE UNIVERS, DEYANIRA. ILS SE DIRIGENT VERS PLANÈTE D'OR.

"EFFECTIVEMENT, NOUS VÎMES DANS L' HOLOVISEUR COMMENT, CONFRONTÉE À UNE RÉALITÉ-MIROIR, FUT VAINCUE L'ARMADA IMPÉRIALE."
SI PERSONNE NE LES ARRÊTE, ILS Y SERONT EN DEUX SEMAINES. JE DOIS FAIRE QUELQUE CHOSE. SI LA MONTAGNE NE VIENT PAS À MOI...
" DANS UNE MÉTASHADOW INDÉTECTABLE, AGHORA, SE JOUANT DE TOUTES LES SURVEILLANCES, PÉNÉTRA DANS L'ATMOSPHÈRE DE PLANÈTE D'OR, LA RÉSIDENCE IMPÉRIALE."

ZZZZZZ...
PORTE-MOI JUSQU'À LA BAIE VITRÉE, DEYANIRA !
LA SITUATION EST GRAVE ! CECI EST PLUS QU'UNE GUERRE INTERGALACTIQUE ! UN AUTRE UNIVERS NOUS ATTAQUE !
ET QUE FAIT NOTRE ARMADA QUI NOUS A COÛTÉ TANT DE KUBLARS ?
NOUS FAISONS TOUT NOTRE POSSIBLE : MAIS L'ENNEMI SE COMPORTE COMME UN MIROIR ! TOUS LES PROJECTILES QUE NOUS LEUR ENVOYONS FINISSENT PAR NOUS RETOMBER DESSUS !
DERRIÈRE LE MIROIR, IL Y A UN ESPRIT PLUS FORT QUE LE NÔTRE. HÉLAS ! IL NOUS FAUT RECONNAÎTRE QUE NOUS SERONS BIENTÔT ANÉANTIS...
PALÉOCHRIST ! AVONS-NOUS LA POSSIBILITÉ DE NOUS RENDRE ?

QU'EST-CE QUE C'EST?
DU CRISTAL FONDU.
ATTENTION!
UNE ARAIGNÉE GÉANTE DESCEND DE LA COUPOLE?
LÂCHES! VOUS CAPITULEZ AVANT MÊME D'AVOIR VERSÉ VOTRE PREMIÈRE GOUTTE DE SANG!
POURQUOI NE PAS M'AVOIR APPELÉ? CE QUE NE PEUVENT VOS ARMÉES FANTOCHES, UN MÉTA-BARON LE PEUT...
NOUS NE T'AVONS PAS APPELÉE, CHÉRIE, PARCE QUE, PRÉCISÉMENT, TU N'ES PAS UN MÉTA-BARON. UNE DE TES UNITÉS FORMICULAIRES, UN DE NOS ESPIONS, NOUS A RÉVÉLÉ TON SECRET...
GRRR!
HORS D'ICI, SALE TRICHEUSE!

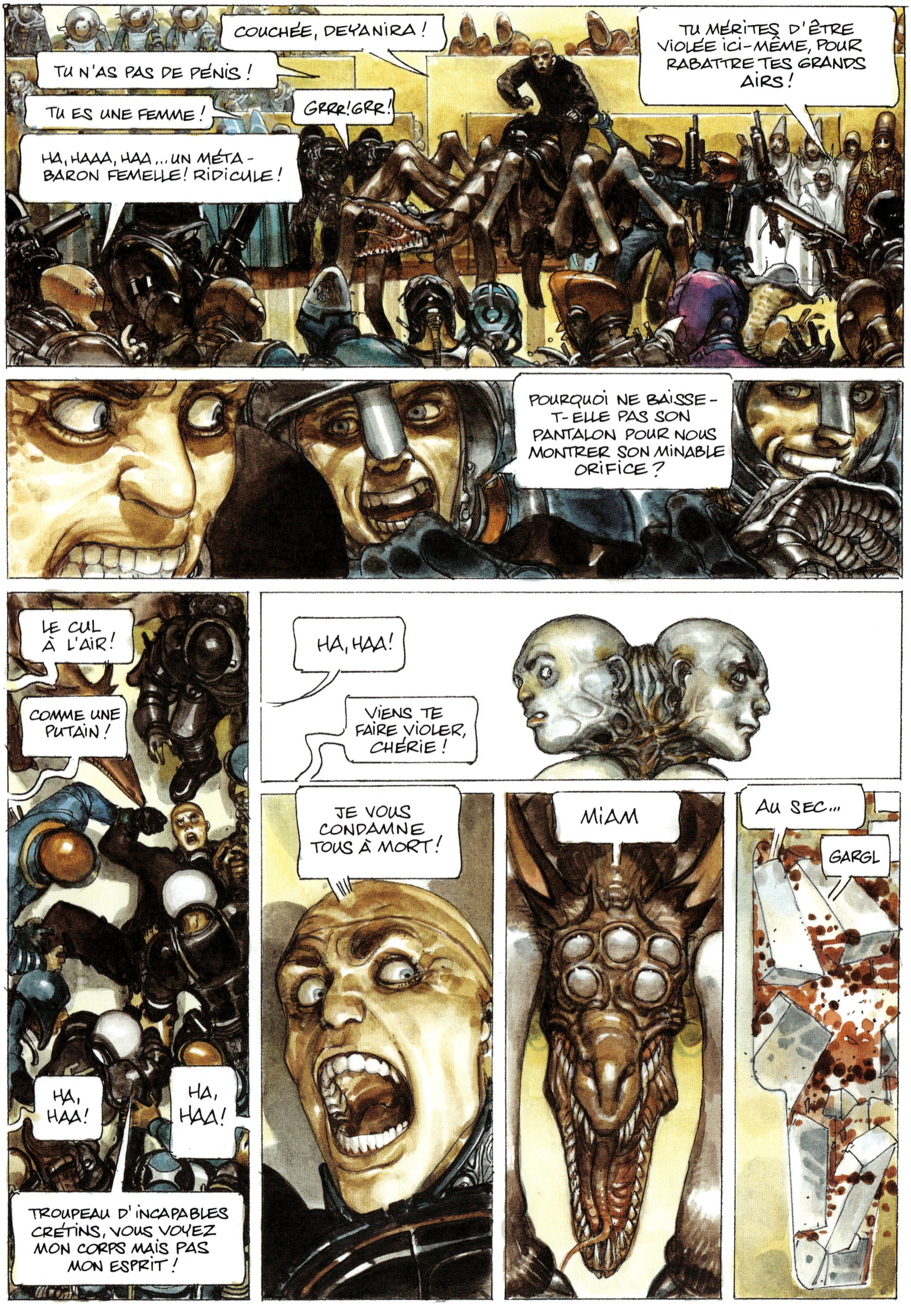
COUCHÉE, DEYANIRA !
TU N'AS PAS DE PÉNIS !
TU ES UNE FEMME !
GRRR!GRR!
HA, HAAA, HAA ... UN MÉTA-BARON FEMELLE! RIDICULE !
TU MÉRITES D'ÊTRE VIOLÉE ICI-MÊME, POUR RABATTRE TES GRANDS AIRS !
POURQUOI NE BAISSE-T-ELLE PAS SON PANTALON POUR NOUS MONTRER SON MINABLE ORIFICE ?
LE CUL À L'AIR !
COMME UNE PUTAIN !
HA, HAA !
HA, HAA !
TROUPEAU D'INCAPABLES CRÉTINS, VOUS VOYEZ MON CORPS MAIS PAS MON ESPRIT !
HA, HAA !
VIENS TE FAIRE VIOLER, CHÉRIE !
JE VOUS CONDAMNE TOUS À MORT !
MIAM
AU SEC...
GARGL

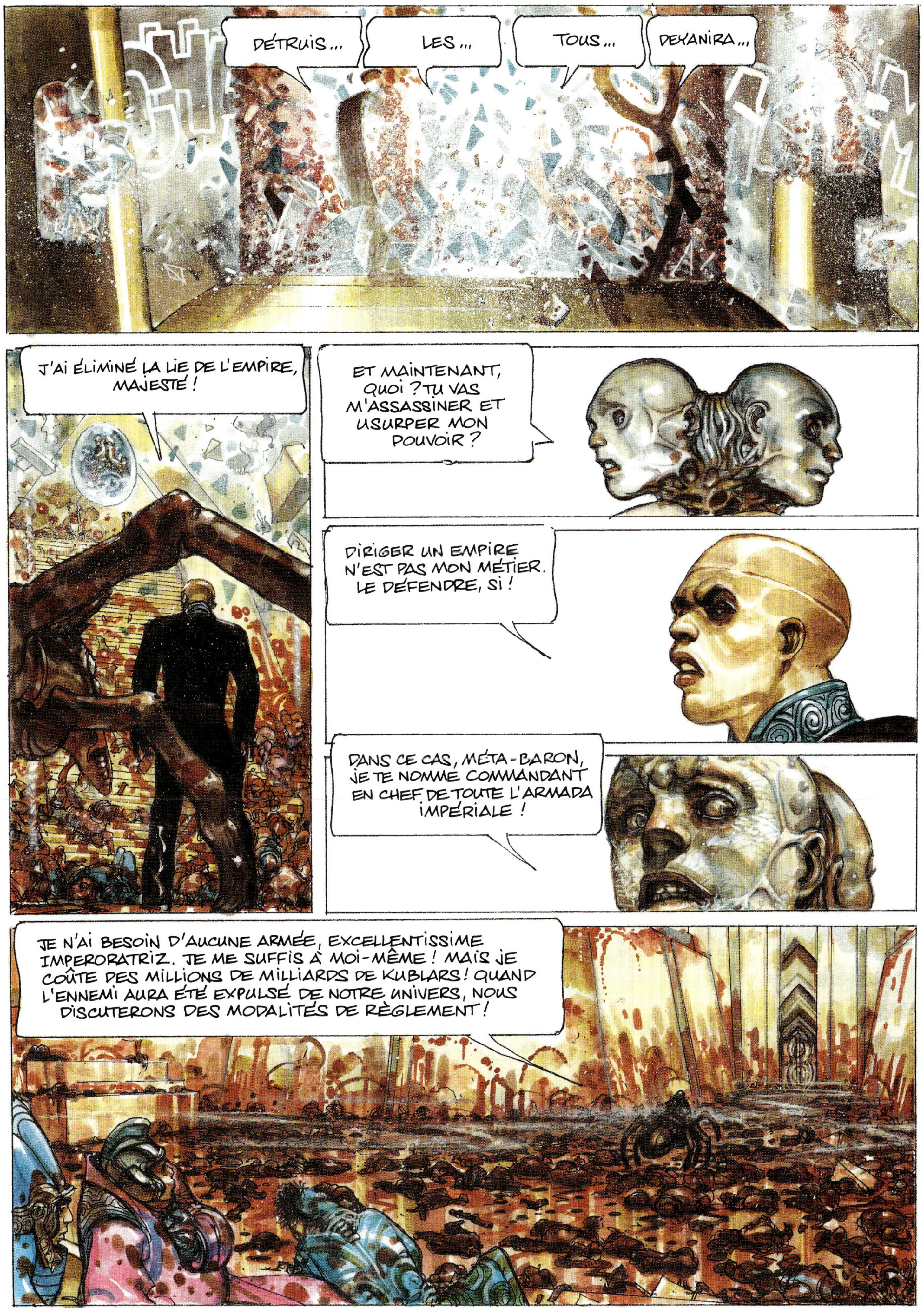
DÉTRUIS...
LES...
TOUS...
DEYANIRA...
J'AI ÉLIMINÉ LA LIE DE L'EMPIRE, MAJESTÉ !
ET MAINTENANT, QUOI ? TU VAS M'ASSASSINER ET USURPER MON POUVOIR ?
DIRIGER UN EMPIRE N'EST PAS MON MÉTIER. LE DÉFENDRE, SI !
DANS CE CAS, MÉTA-BARON, JE TE NOMME COMMANDANT EN CHEF DE TOUTE L'ARMADA IMPÉRIALE !
JE N'AI BESOIN D'AUCUNE ARMÉE, EXCELLENTISSIME IMPERORATRIZ. JE ME SUFFIS À MOI-MÊME ! MAIS JE COÛTE DES MILLIONS DE MILLIARDS DE KUBLARS ! QUAND L'ENNEMI AURA ÉTÉ EXPULSÉ DE NOTRE UNIVERS, NOUS DISCUTERONS DES MODALITÉS DE RÈGLEMENT !

MAIS QU'EST-CE QUI SE PASSE, MÉCA-CRÉTIN ! LES FLAMMES NE FONT PAS PARTIE DU VOCABULAIRE ROBOTIQUE !
LA FERME, NAIN PARANOÏAQUE ! JE SUIS EN TRAIN DE ME CONSUMER ! SI J'AVAIS UNE PEAU ET DES CIRCUITS SENSORIELS, JE LANCERAIS DES CRIS DE DOULEUR !
C'EST INCOMPRÉHENSIBLE. TES CYBER-SYSTÈMES ET TES SYNTHÉFIBRES SONT GARANTIS DIX MILLE ANS... ROBOLOGIQUEMENT, TU NE PEUX PAS BRÛLER...
ET LE FEU QUI A DÉTRUIT LA MOITIÉ DE MON TECHNO-CORPS, C'EST DE LA BIOMERDE, PEUT-ÊTRE ?
VOILÀ, C'EST RÉPARÉ, LOTHAR... TROP ANTHROPOMORPHIQUE POUR MON GOÛT ROBOTIQUE... MAIS BON... QUEL ACCIDENT A BIEN PU TE DONNER LE CRAN DE ME TRAITER DE "NAIN PARANOÏAQUE" ?
JE SUIS DÉSOLÉ, TONTO... SI J'AVAIS UNE BIOLANGUE, JE LA GLISSERAIS DANS CE BIOTROU PESTILENTIEL APPELÉ CUL DONT JE NE SUIS PAS PLUS POURVU ! IL SE TROUVE QUE J'AI COURT-CIRCUITÉ TOUS MES MÉCA-SYNAPSES...
...À L'IDÉE QU'UN BIOMÂLE DÉMENT AIT PU INTRODUIRE SON FRAGILE DOIGT SANS ONGLE DANS LE DANGEREUX TUNNEL D'AGHORA !

"LA SUPRÊME ARMADA IMPÉRIALE ÉTAIT SUR LE POINT D'ÊTRE VAINCUE. TRÈS BIENTÔT, L'ENNEMI MYSTÉRIEUX ALLAIT SE RENDRE MAÎTRE DE TOUTES LES GALAXIES..."

POUR TRAVERSER LE MIROIR, JE VAIS DEVOIR COMBATTRE L'ENNEMI AVEC SES PROPRES ARMES. ATTENDS-MOI ICI...
AOUUUUH ! AOUUUUH !
ARRÊTE DE HURLER, DEYANIRA, ET NE T'AVISE PAS DE ME SUIVRE ! TU AS MA PAROLE DE MÉTA-BARON QUE JE VAIS REVENIR...
"ET SANS ÊTRE REPÉRÉE, AGHORA SE GLISSA ENTRE LES NAVIRES DÉTRUITS..."
VOYONS SI MON AURA PSYCHO-MIMÉTIQUE FONCTIONNE...

"UN MIROIR NE PEUT REFLÉTER UN AUTRE MIROIR..."
"..., ET C'EST AINSI QU'AGHORA TRANSPERÇA L'ÉCRAN ENNEMI."
"ET AGHORA, À UNE VITESSE SUPRA-LUMINIQUE, TOUJOURS PROTÉGÉE PAR L'AURA QUI LA RENDAIT INVISIBLE, TRAVERSA LE COSMOS ENVAHI JUSQU'À EN ATTEINDRE LES LIMITES..."
RÉPUGNANTS PALÉOPOULPES, ILS NE MÉRITENT PAS QUE JE GASPILLE MES PROJECTILES ! JE VAIS DÉTRUIRE CELUI QUI LES CONTRÔLE...

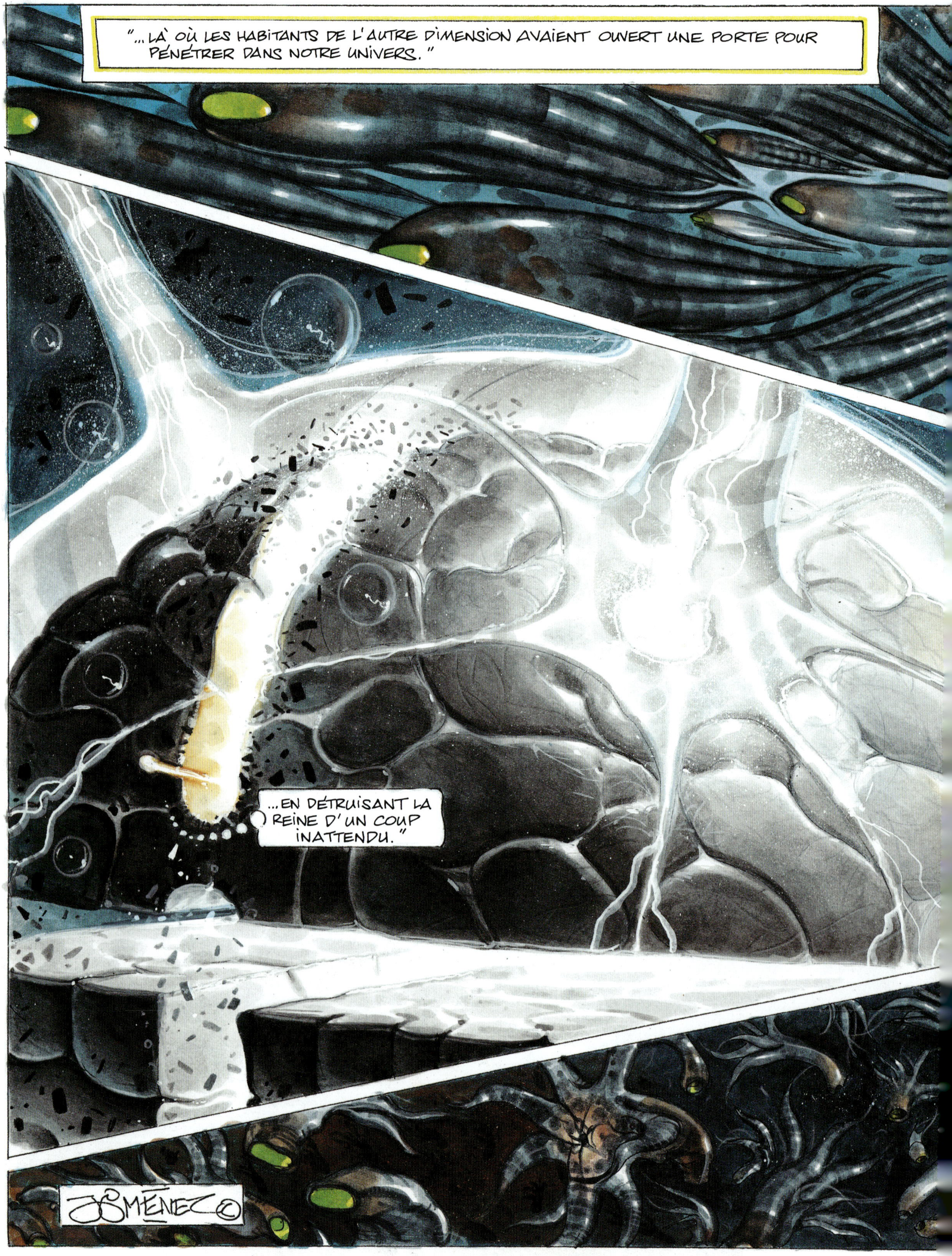
"... LÀ OÙ LES HABITANTS DE L'AUTRE DIMENSION AVAIENT OUVERT UNE PORTE POUR PÉNÉTRER DANS NOTRE UNIVERS."
... EN DÉTRUISANT LA REINE D'UN COUP INATTENDU."

LE BUSHITAKA DIT: " SI LA SUPÉRIORITÉ NUMÉRIQUE DE L'ADVERSAIRE REND LE COMBAT INÉGAL, ON PEUT VAINCRE...
"TRANCHANT LE CERVEAU-MATER, AGHORA DÉVOILA SON NOYAU PINÉAL."

JE NE SUIS PAS UNE IMAGE ! JE REPRODUIS TA CHAIR EXACTEMENT, TES OS, TES ARMES !
TOUT CE QUE TU TENTERAS DE ME FAIRE, TU TE LE FERAS À TOI-MÊME ! SI TU VEUX SAUVER TA VIE, OUBLIE TA HAINE, DONNE-MOI DE L'AMOUR ET RENDS-TOI !
TU NE M'ENSORCELLERAS PAS : JE NE CONNAIS PAS LES SENTIMENTS ! JE NE CONNAIS QUE LE DEVOIR ! ET MON DEVOIR EST DE TE DÉTRUIRE !
TU N'Y ARRIVERAS PAS, NOUS SOMMES SEMBLABLES !
TU TE TROMPES : TU ES UN CORPS QUI A UN ESPRIT, ALORS QUE JE SUIS UN ESPRIT QUI A UN CORPS ! C'EST CE QUI TE PERDRA !
WAP
OOH ! TU TE DÉSAGRÈGES...
TU PEUX REPRODUIRE LA CHAIR, PAS L'ÂME...
NE ME REFAIS PAS LE COUP DU MIROIR !

AAAAGH !
ATTENDS ! JE SUIS CONNECTÉ À D'INNOMBRABLES NOYAUX ! EN ME DÉTRUISANT, TU PROVOQUERAS UNE RÉACTION EN CHAÎNE. TOUT MON UNIVERS VA EXPLOSER !
TON HEURE EST VENUE !

TU AS GAGNÉ: JE ME RENDS!
INSENSÉ! SI TU FAIS ÇA, TU VAS PROVOQUER LA MORT DE MILLIERS DE MILLIONS D'ÊTRES, UN UNIVERS ENTIER ...
LES MÉTA-BARONS N'OBÉISSENT QU'À UNE LOI: "VAINCRE OU MOURIR". TU AS PERDU: JE DOIS T'ÉLIMINER!
UN UNIVERS ENNEMI QUI NE DEMANDE QU'À NOUS TRAHIR... CRÈVE, MONSTRE!

"LA PORTE SE REFERMA, POUR TOUJOURS. L'ENVA-
HISSEUR, DÉCONNECTÉ, SE DISSIPA COMME UN
MAUVAIS RÊVE. AGHORA LAISSAIT DERRIÈRE ELLE
UN UNIVERS OÙ, L'UNE APRÈS L'AUTRE, EXPLO-
SAIENT D'INNOMBRABLES GALAXIES."

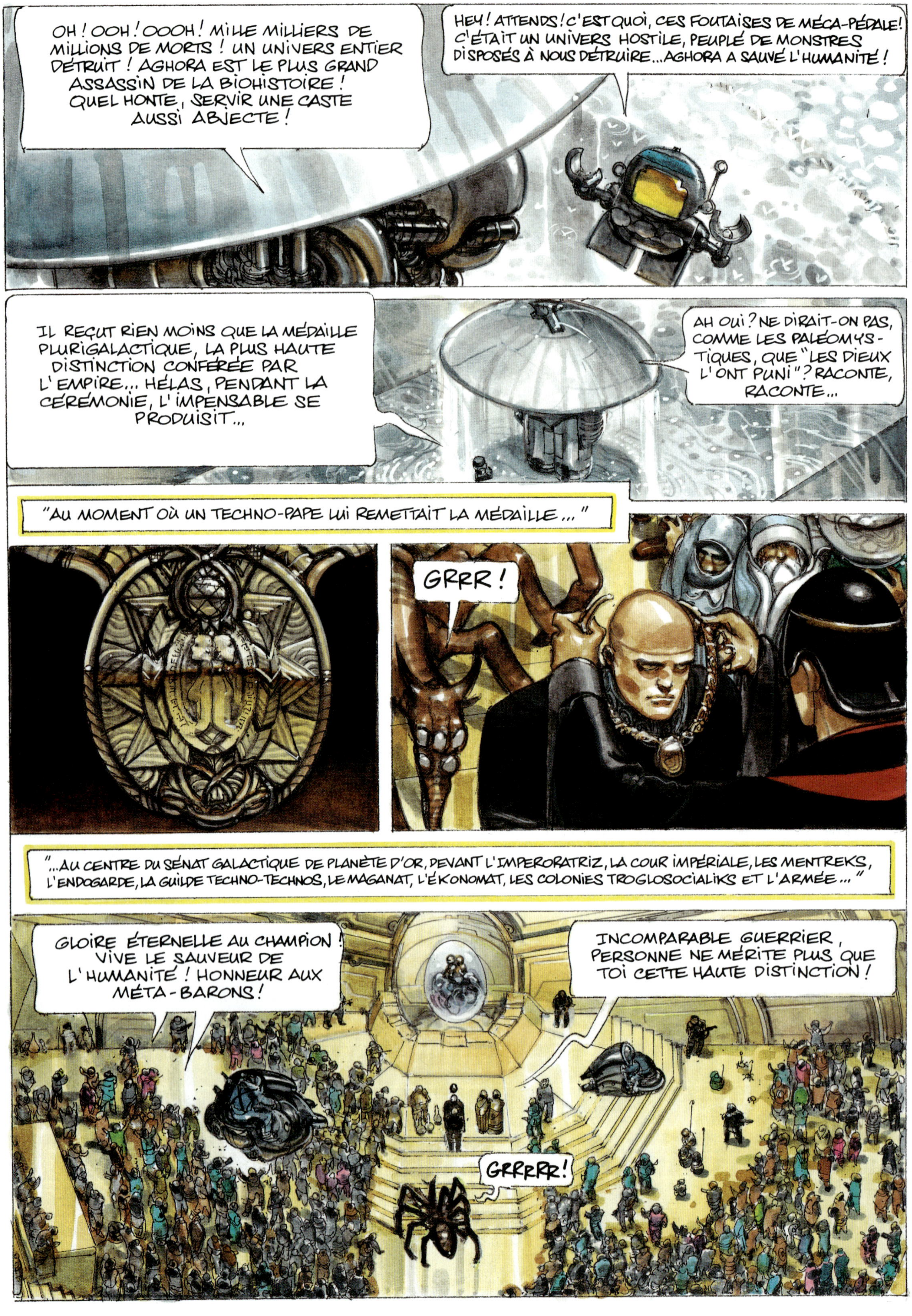
OH ! OOH ! OOOH ! MILLE MILLIERS DE MILLIONS DE MORTS ! UN UNIVERS ENTIER DÉTRUIT ! AGHORA EST LE PLUS GRAND ASSASSIN DE LA BIOHISTOIRE ! QUEL HONTE, SERVIR UNE CASTE AUSSI ABJECTE !
HEY ! ATTENDS ! C'EST QUOI, CES FOUTAISES DE MÉCA-PÉDALE ! C'ÉTAIT UN UNIVERS HOSTILE, PEUPLÉ DE MONSTRES DISPOSÉS À NOUS DÉTRUIRE... AGHORA A SAUVÉ L'HUMANITÉ !
IL REÇUT RIEN MOINS QUE LA MÉDAILLE PLURIGALACTIQUE, LA PLUS HAUTE DISTINCTION CONFÉRÉE PAR L'EMPIRE... HÉLAS, PENDANT LA CÉRÉMONIE, L'IMPENSABLE SE PRODUISIT...
AH OUI ? NE DIRAIT-ON PAS, COMME LES PALÉOMYS-TIQUES, QUE "LES DIEUX L'ONT PUNI" ? RACONTE, RACONTE...
"AU MOMENT OÙ UN TECHNO-PAPE LUI REMETTAIT LA MÉDAILLE..."
GRRR !
"...AU CENTRE DU SÉNAT GALACTIQUE DE PLANÈTE D'OR, DEVANT L'IMPERORATRIZ, LA COUR IMPÉRIALE, LES MENTREKS, L'ENDOGARDE, LA GUILDE TECHNO-TECHNOS, LE MAGANAT, L'ÉKONOMAT, LES COLONIES TROGLOSOCIALIKS ET L'ARMÉE..."
GLOIRE ÉTERNELLE AU CHAMPION ! VIVE LE SAUVEUR DE L'HUMANITÉ ! HONNEUR AUX MÉTA-BARONS !
INCOMPARABLE GUERRIER, PERSONNE NE MÉRITE PLUS QUE TOI CETTE HAUTE DISTINCTION !
GRRRRR !

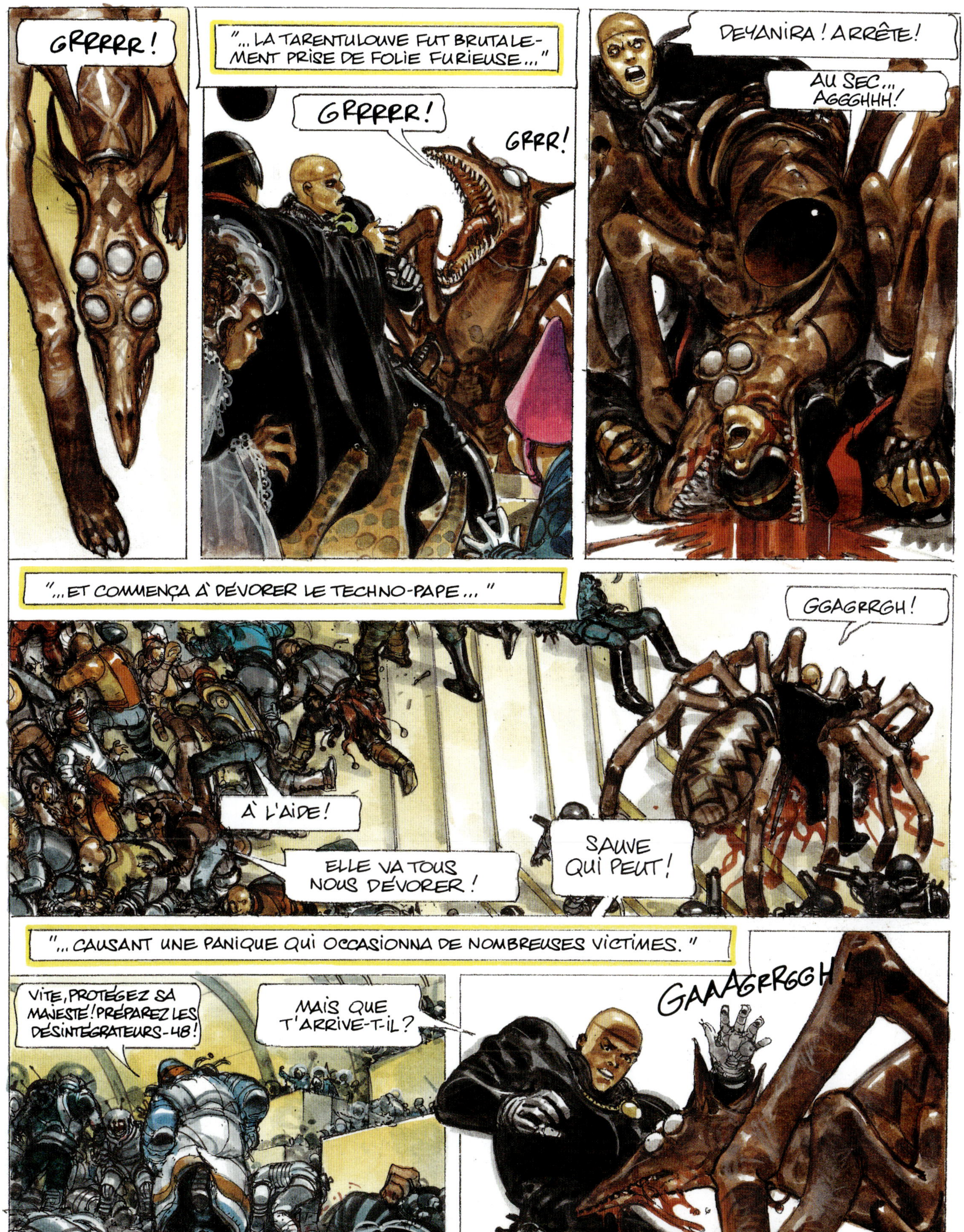
GRRRRR !
"... LA TARENTULOUVE FUT BRUTALEMENT PRISE DE FOLIE FURIEUSE..."
GRRRRR !
GRRR !
DEYANIRA ! ARRÊTE !
AU SEC... AGGGHHH !
"... ET COMMENÇA À DÉVORER LE TECHNO-PAPE... "
GGAGRRGH !
À L'AIDE !
ELLE VA TOUS NOUS DÉVORER !
SAUVE QUI PEUT !
"... CAUSANT UNE PANIQUE QUI OCCASIONNA DE NOMBREUSES VICTIMES."
VITE, PROTÉGEZ SA MAJESTÉ ! PRÉPAREZ LES DÉSINTÉGRATEURS-48 !
MAIS QUE T'ARRIVE-T-IL ?
GAAAGRRGGH

LE MÉTA-BARON VA L'IMMOBILISER! PRÊTS À TIRER!
GRRR!
NON! NE TIREZ PAS! JE ME CHARGE D'ELLE! JE VAIS L'ENDORMIR.
NOUS DEVRIONS VOTER UNE LOI POUR METTRE FIN À L'EXISTENCE DE CES ABOMINABLES TARENTULOUVES...
ET UNE AUTRE POUR METTRE FIN À L'EXISTENCE DE CES NON MOINS ABOMINABLES MÉTA-BARONS...
ZZZZZZZ ZZZ

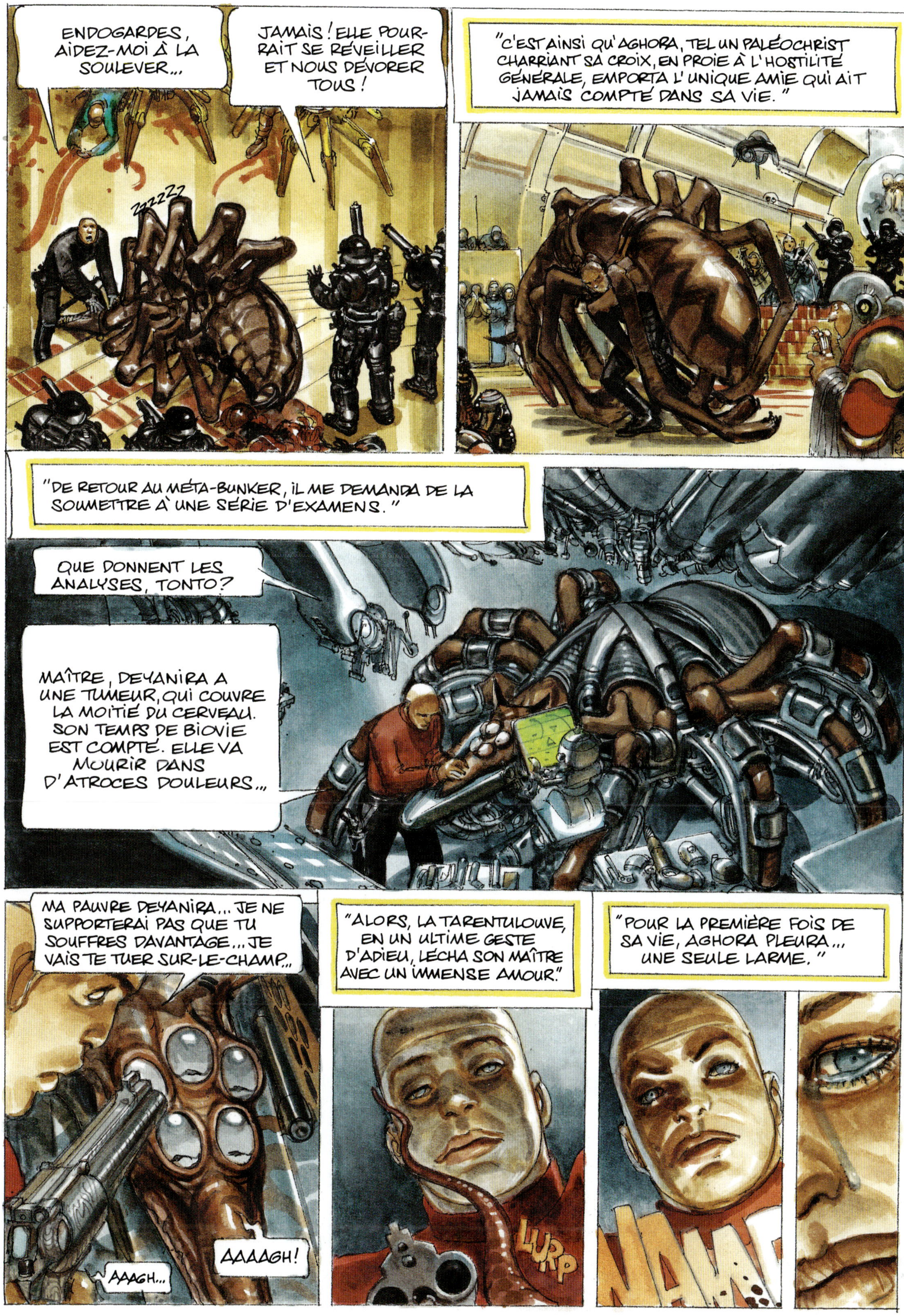
ENDOGARDES, AIDEZ-MOI À LA SOULEVER...
JAMAIS ! ELLE POURRAIT SE RÉVEILLER ET NOUS DÉVORER TOUS !
ZZZZZZ
"C'EST AINSI QU'AGHORA, TEL UN PALÉOCHRIST CHARRIANT SA CROIX, EN PROIE À L'HOSTILITÉ GÉNÉRALE, EMPORTA L'UNIQUE AMIE QUI AIT JAMAIS COMPTÉ DANS SA VIE."
"DE RETOUR AU MÉTA-BUNKER, IL ME DEMANDA DE LA SOUMETTRE À UNE SÉRIE D'EXAMENS."
QUE DONNENT LES ANALYSES, TONTO ?
MAÎTRE, DEYANIRA A UNE TUMEUR, QUI COUVRE LA MOITIÉ DU CERVEAU. SON TEMPS DE BIOVIE EST COMPTÉ. ELLE VA MOURIR DANS D'ATROCES DOULEURS...
MA PAUVRE DEYANIRA... JE NE SUPPORTERAI PAS QUE TU SOUFFRES DAVANTAGE... JE VAIS TE TUER SUR-LE-CHAMP...
AAAAGH !
AAAGH...
"ALORS, LA TARENTULOUVE, EN UN ULTIME GESTE D'ADIEU, LÉCHA SON MAÎTRE AVEC UN IMMENSE AMOUR."
LURP
"POUR LA PREMIÈRE FOIS DE SA VIE, AGHORA PLEURA... UNE SEULE LARME."

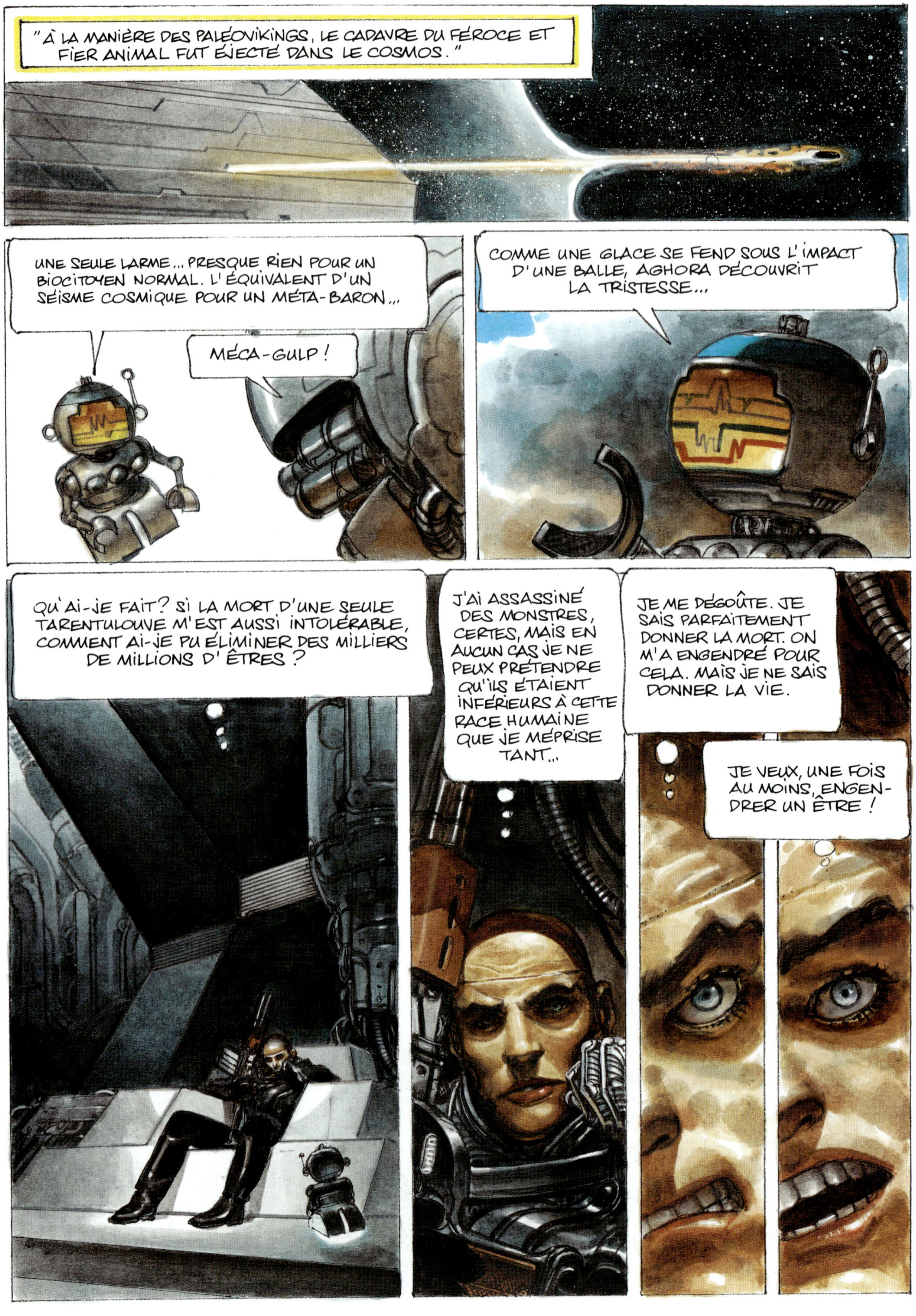
"À LA MANIÈRE DES PALÉOVIKINGS, LE CADAVRE DU FÉROCE ET FIER ANIMAL FUT ÉJECTÉ DANS LE COSMOS."
UNE SEULE LARME... PRESQUE RIEN POUR UN BIOCITOYEN NORMAL. L'ÉQUIVALENT D'UN SÉISME COSMIQUE POUR UN MÉTA-BARON...
MÉCA-GULP !
COMME UNE GLACE SE FEND SOUS L'IMPACT D'UNE BALLE, AGHORA DÉCOUVRIT LA TRISTESSE...
QU'AI-JE FAIT? SI LA MORT D'UNE SEULE TARENTULOUVE M'EST AUSSI INTOLÉRABLE, COMMENT AI-JE PU ÉLIMINER DES MILLIERS DE MILLIONS D'ÊTRES ?
J'AI ASSASSINÉ DES MONSTRES, CERTES, MAIS EN AUCUN CAS JE NE PEUX PRÉTENDRE QU'ILS ÉTAIENT INFÉRIEURS À CETTE RACE HUMAINE QUE JE MÉPRISE TANT...
JE ME DÉGOÛTE. JE SAIS PARFAITEMENT DONNER LA MORT. ON M'A ENGENDRÉ POUR CELA. MAIS JE NE SAIS DONNER LA VIE.
JE VEUX, UNE FOIS AU MOINS, ENGENDRER UN ÊTRE !

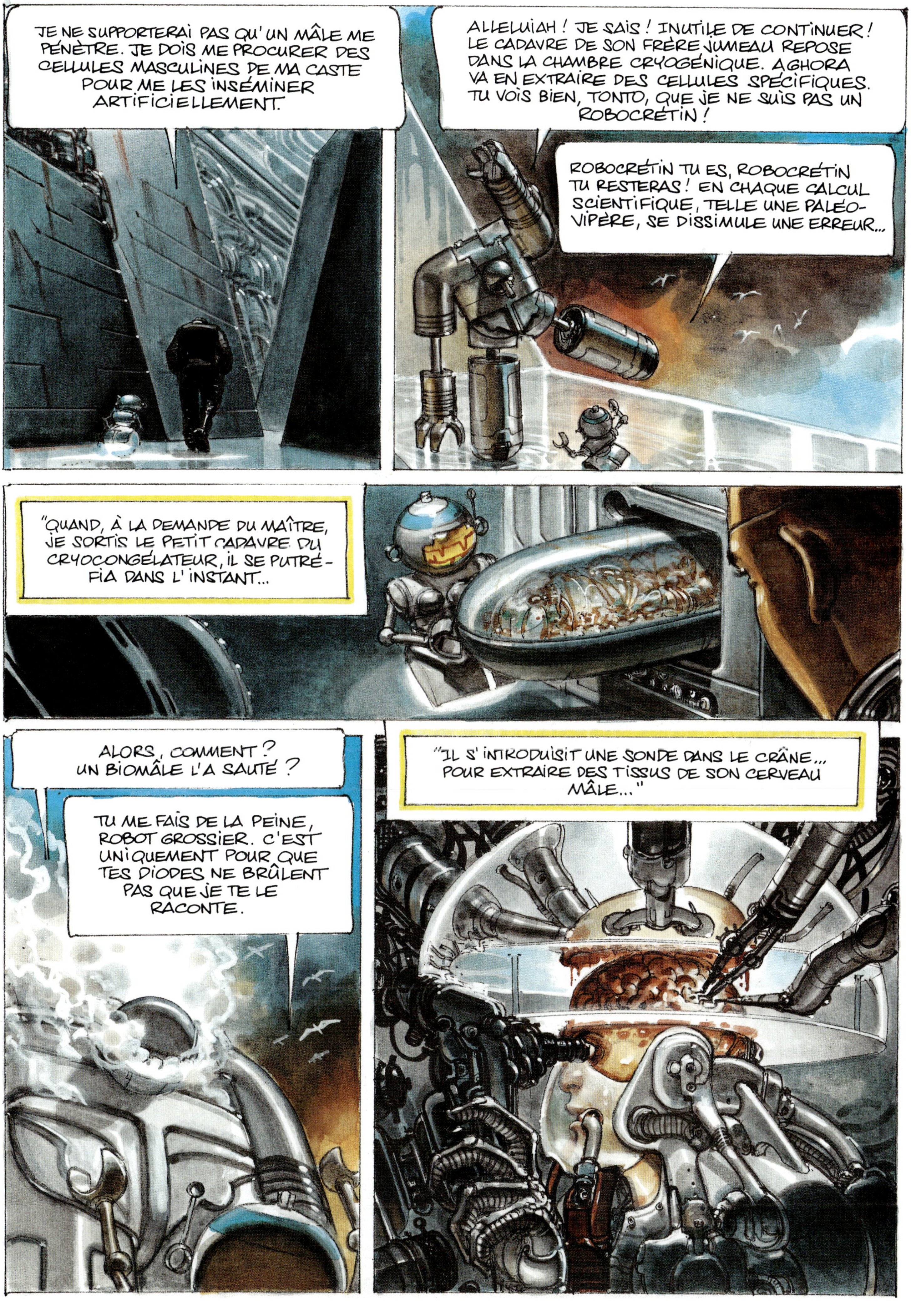
JE NE SUPPORTERAI PAS QU'UN MÂLE ME PÉNÈTRE. JE DOIS ME PROCURER DES CELLULES MASCULINES DE MA CASTE POUR ME LES INSÉMINER ARTIFICIELLEMENT.
ALLELUIAH ! JE SAIS ! INUTILE DE CONTINUER ! LE CADAVRE DE SON FRÈRE JUMEAU REPOSE DANS LA CHAMBRE CRYOGÉNIQUE. AGHORA VA EN EXTRAIRE DES CELLULES SPÉCIFIQUES. TU VOIS BIEN, TONTO, QUE JE NE SUIS PAS UN ROBOCRÉTIN !
ROBOCRÉTIN TU ES, ROBOCRÉTIN TU RESTERAS ! EN CHAQUE CALCUL SCIENTIFIQUE, TELLE UNE PALÉO-VIPÈRE, SE DISSIMULE UNE ERREUR...
"QUAND, À LA DEMANDE DU MAÎTRE, JE SORTIS LE PETIT CADAVRE DU CRYOCONGÉLATEUR, IL SE PUTRÉFIA DANS L'INSTANT...
ALORS, COMMENT ? UN BIOMÂLE L'A SAUTÉ ?
TU ME FAIS DE LA PEINE, ROBOT GROSSIER. C'EST UNIQUEMENT POUR QUE TES DIODES NE BRÛLENT PAS QUE JE TE LE RACONTE.
"IL S'INTRODUISIT UNE SONDE DANS LE CRÂNE... POUR EXTRAIRE DES TISSUS DE SON CERVEAU MÂLE..."

"... QU'APRÈS UN TRAITEMENT HYPOGÉNÉTIQUE IL TRANSFORMA EN TÊTARDS INSÉMINATEURS."
...DE TELLE MANIÈRE QU'IL SE MIT ENCEINT, RÉALISANT AINSI LE PREMIER AUTO-INCESTE DE L'HISTOIRE.
PAR LA BARBE DU PALÉOPROPHÈTE, QUELLE INCOMMENSURABLE AUDACE ! JE NE PARVIENS PAS À IMAGINER UN MÉTA-BARON, SYMBOLE DE LA PLUS GRANDE VIRILITÉ, LA PANSE ENFLÉE ! MES CIRCUITS REFUSENT CETTE IMAGE...
MÉCA-IMBÉCILE ! TES CONCEPTS DE RÉALITÉ NE SONT PAS LA RÉALITÉ. TU AS ÉTÉ FABRIQUÉ POUR LA PERCEVOIR, NON POUR LA FORMULER. OU TU ACCEPTES LES FAITS, OU TU EXPLOSES !
GULP ! PARDONNE MA ROBOSCLÉROSE. J'ACCEPTE LES FAITS !
" POUR ACCOUCHER TRANQUILLEMENT, LE GUERRIER LE PLUS PUISSANT DE LA GALAXIE, FUYANT LA CIVILISATION ET SES VIOLENCES, SE CACHAIT SUR LA PLANÈTE-JARDIN DE FLOS. MAIS..."

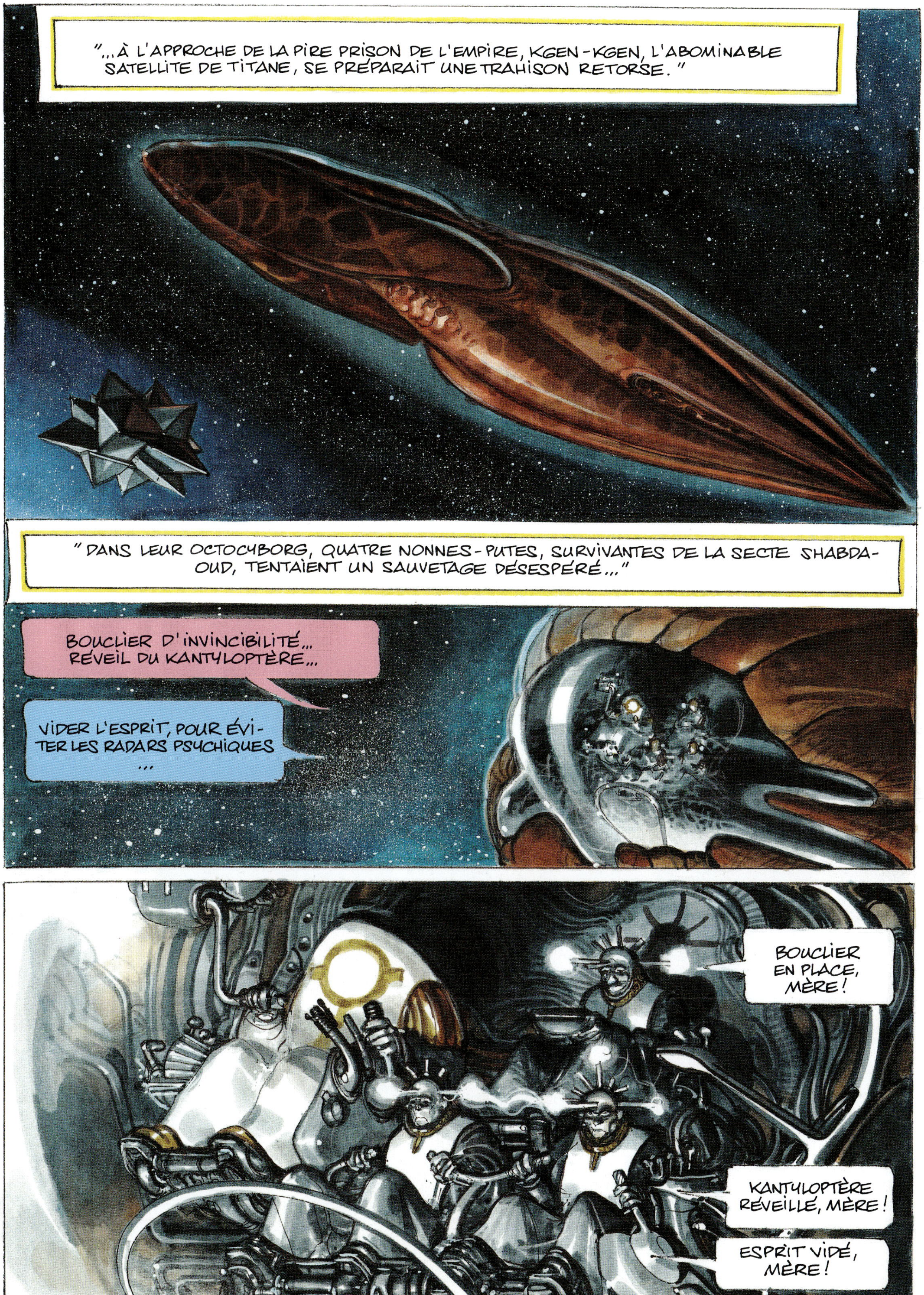
"... À L'APPROCHE DE LA PIRE PRISON DE L'EMPIRE, KGEN-KGEN, L'ABOMINABLE SATELLITE DE TITANE, SE PRÉPARAIT UNE TRAHISON RETORSE."
"DANS LEUR OCTOCYBORG, QUATRE NONNES-PUTES, SURVIVANTES DE LA SECTE SHABDA-OUD, TENTAIENT UN SAUVETAGE DÉSESPÉRÉ..."
BOUCLIER D'INVINCIBILITÉ... RÉVEIL DU KANTYLOPTÈRE...
VIDER L'ESPRIT, POUR ÉVITER LES RADARS PSYCHIQUES ...
BOUCLIER EN PLACE, MÈRE !
KANTYLOPTÈRE RÉVEILLÉ, MÈRE !
ESPRIT VIDÉ, MÈRE !

"SANS ÊTRE REPÉRÉ PAR LES SATELLITES GARDIENS, L'OCTOCYBORG PARVINT À S'INTRODUIRE DANS LA FORTERESSE..."
"LES SORCIÈRES, UNISSANT LEURS FLUIDES MENTAUX, EXTERMINÈRENT TOUS LES GARDIENS..."
ARGH!
FSH

IL NOUS RESTE PEU DE TEMPS AVANT L'ARRIVÉE DES RENFORTS...
VITE, ACTIVEZ VOS BAGUETTES D'ÉBÈNE, UTILISEZ LA TOTALITÉ DE LA PSY-ÉNERGIE...
ILS TE FONT TROP D'HONNEUR, ZOMBRA: TU ES LEUR UNIQUE PRISONNIÈRE.
ILS ONT CONSTRUIT UNE PLANÈTE-PRISON POUR TOI SEULE.
ASSEZ DE SALAMALECS ! QUE VEUX-TU, SORCIÈRE À LA VOIX DOUBLE ?
QU'Y A-T-IL DANS VOS ESPRITS TORDUS, NONNES-PUTES ? POURQUOI M'AVOIR LIBÉRÉE ?
PAR LA FAUTE D'UN MÉTA-BARON, NOUS SOMMES LES DERNIÈRES SURVIVANTES DE NOTRE SECTE. MAIS NOUS NE NOUS RECONNAISSONS PAS VAINCUES.
WAFF
NOTRE BUT EST DE NOUS EMPARER DES COMMANDES, DE GOUVERNER LA GALAXIE.

TELLE EST LA PRÉDICTION... "CELUI-CELLE QUI UNIRA TOUTES LES QUALITÉS DE L'HOMME ET DE LA FEMME, L'ANDROGYNE PARFAIT, RÉGNERA POUR L'ÉTERNITÉ, CONDUISANT DE SON ESPRIT SUBLIME L'HUMANITÉ VERS SON DESTIN: DEVENIR LA CONSCIENCE DE L'UNIVERS."
POUR CELA, IL EST NÉCESSAIRE D'ASSASSINER L'IMPERORATRIZ...
CE TYRAN CORROMPU!
VIEILLES FOLLES! UNE FOIS DÉBARRASSÉES DE L'IMPERORATRIZ, QUI METTREZ-VOUS À SA PLACE POUR OBÉIR À LA PRÉDICTION?
MOI!
MOI!
BÉNI SOIS-TU, DIEU-MÈRE!
J'AI TRANSPOSÉ MON ESPRIT DANS CET ORGANISME PRÉHISTORIQUE, GÉNÉTIQUEMENT MODIFIÉ.
POUR LE PEUPLE, JE SERAI LE MESSIE ANDROGYNE QUE TOUS ATTENDENT...
HA! HAA! INSENSÉES! UN PALÉO-SINGE BICÉPHALE POUR REMPLACER L'IMPERORATRIZ: ABSURDE!
POUR SOUMETTRE PLANÈTE D'OR, LA RÉSIDENCE IMPÉRIALE, IL FAUDRA D'ABORD EN ÉLIMINER LE GARDIEN, LE MÉTA-BARON. IL VOUS A VAINCUES UNE FOIS, IL VOUS VAINCRA ENCORE. MOI AUSSI, IL ME VAINCRA. IL EST PLUS FORT QUE MOI.

PAS EN CE MOMENT ! AGHORA, L'ACTUEL MÉTA-BARON, EST UNE FEMELLE...
ET ELLE EST ENCEIN-TE DE NEUF MOIS.
ELLE SE DÉPLACE AVEC DIFFICULTÉ...
ELLE NE POURRA PAS UTILISER LES MINIBOMBES GREFFÉES DANS SON CORPS, QUI DÉTRUIRAIENT LE FOETUS...
ELLE POURRA SE DÉFENDRE AVEC SON SEUL MÉTAGLAIVE...
TU LA TUERAS ET AINSI NOUS POURRONS NOUS EMPARER DU TRÔNE. EN ÉCHANGE DE QUOI...
...NOUS TE NOMMERONS CHEF SUPRÊME DES ARMÉES IMPÉRORIALES. TU POURRAS ENVAHIR LES PLANÈTES MINEURES ET T'ENRICHIR DE RAPINES LÉGALES.
EXCELLENTE PROPOSITION, MAIS, EN UN SENS, L'EMPIRE M'A CASTRÉE. ILS ONT DÉTRUIT MON KANTYLOPTÈRE. SANS LUI, JE NE VAUX PAS GRAND CHOSE...
VOILÀ UN EXEMPLAIRE IDENTIQUE. NOUS AVONS RÉCUPÉRÉ UNE DE SES CELLULES ET L'AVONS DUPLIQUÉ.

LAISSE PÉNÉTRER SES PATTES.
WAP
OHHGG, QUEL DÉLICE!
ME VOILÀ DE NOUVEAU COMPLÈTE.
JE SUIS REDEVENUE ZOMBRA!
MONTRE-NOUS...
...TON POUVOIR.
JE ME DIVISE...

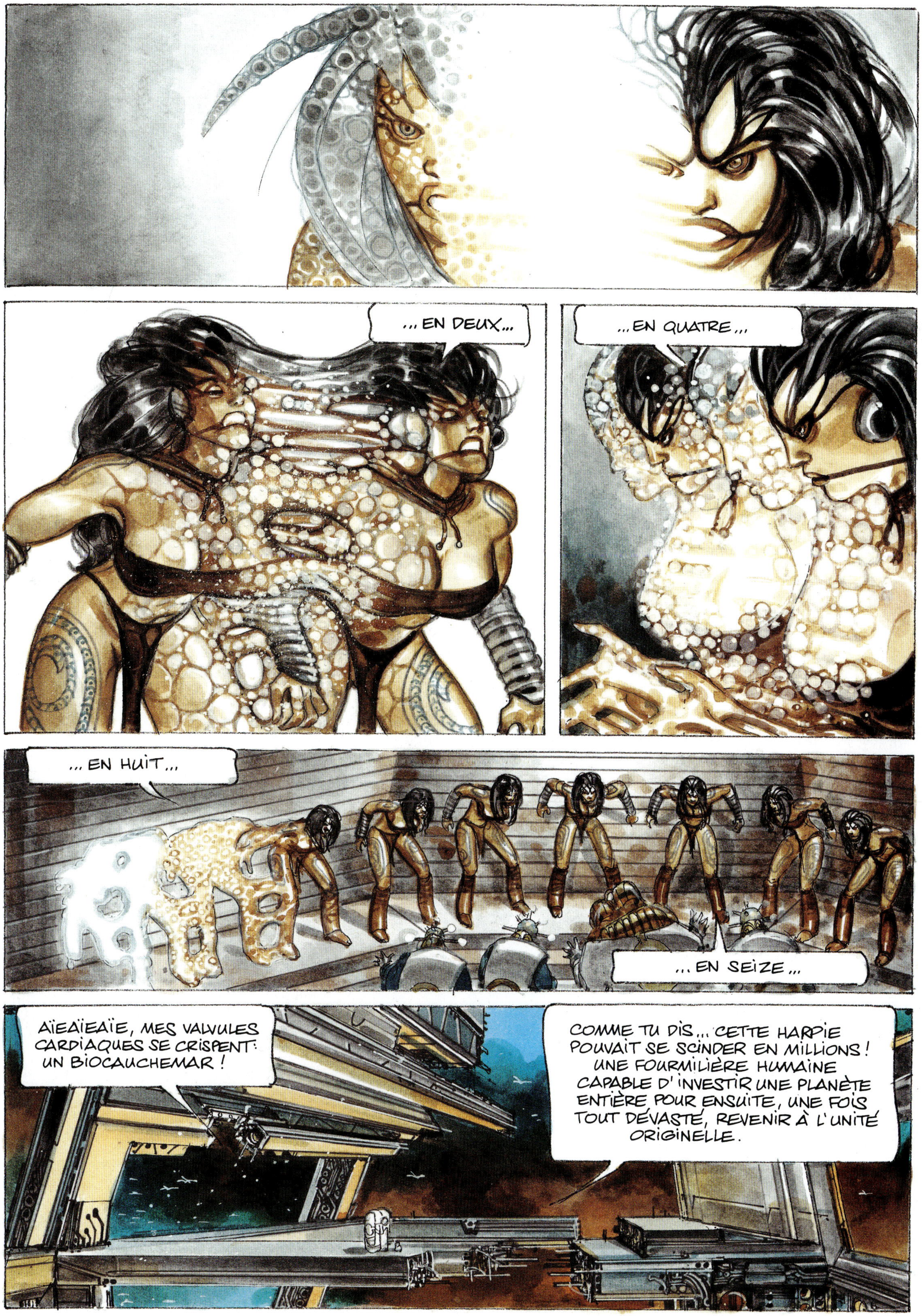
... EN DEUX...
... EN QUATRE...
... EN HUIT...
... EN SEIZE...
AÏEAÏEAÏE, MES VALVULES CARDIAQUES SE CRISPENT: UN BIOCAUCHEMAR !
COMME TU DIS... CETTE HARPIE POUVAIT SE SCINDER EN MILLIONS ! UNE FOURMILIÈRE HUMAINE CAPABLE D'INVESTIR UNE PLANÈTE ENTIÈRE POUR ENSUITE, UNE FOIS TOUT DÉVASTÉ, REVENIR À L'UNITÉ ORIGINELLE.

"LES VIEILLES ASSASSINES LARGUÈRENT ZOMBRA AU MILIEU DES FLEURS DE FLOS."
"AU PIED DU ROCHER DES DRAGONITES, UN PROMONTOIRE QUI, SELON LA LÉGENDE, SURGIT DE LA TÊTE DU DERNIER DES DRAGONS, AGHORA, AYANT PERDU LES EAUX, SOUFFRAIT DES PREMIÈRES DOULEURS DE L'ACCOUCHEMENT."
QUE L'OMBRE SACRÉE DE CETTE PIERRE FABULEUSE TE BÉNISSE.
APPRÊTE-TOI À SORTIR, PETIT TÊTARD !
"BIENTÔT, SANS PRONONCER LA MOINDRE PAROLE, UN CERCLE DE ZOMBRAS ATTAQUÈRENT LE MÉTA-BARON."

CHAM
CLAN
CLINC
"PARVENU AU SOMMET, IL SE RENDIT COMPTE QU'IL ÉTAIT ENCERCLÉ PAR DES MILLIARDS DE MILLIARDS D'ENNEMIES... PERSONNE NE POURRAIT LES ÉLIMINER TOUTES... AGHORA ALLAIT FINIR PAR SUCCOMBER À L'ÉPUISEMENT..."

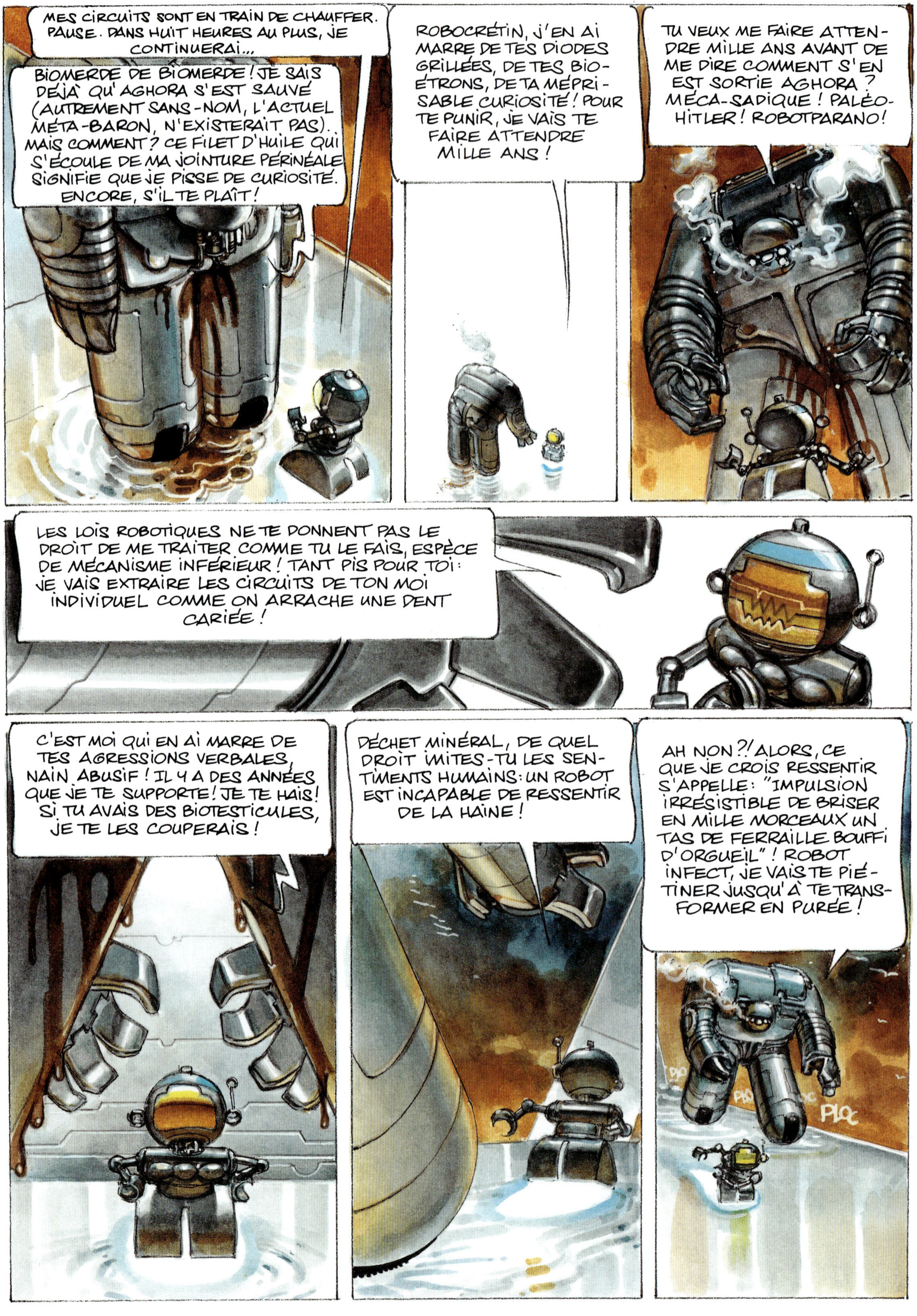
MES CIRCUITS SONT EN TRAIN DE CHAUFFER. PAUSE. DANS HUIT HEURES AU PLUS, JE CONTINUERAI...
BIOMERDE DE BIOMERDE ! JE SAIS DÉJÀ QU'AGHORA S'EST SAUVÉ (AUTREMENT SANS-NOM, L'ACTUEL MÉTA-BARON, N'EXISTERAIT PAS). MAIS COMMENT ? CE FILET D'HUILE QUI S'ÉCOULE DE MA JOINTURE PÉRINÉALE SIGNIFIE QUE JE PISSE DE CURIOSITÉ. ENCORE, S'IL TE PLAÎT !
ROBOCRÉTIN, J'EN AI MARRE DE TES DIODES GRILLÉES, DE TES BIO-ÉTRONS, DE TA MÉPRISABLE CURIOSITÉ ! POUR TE PUNIR, JE VAIS TE FAIRE ATTENDRE MILLE ANS !
TU VEUX ME FAIRE ATTENDRE MILLE ANS AVANT DE ME DIRE COMMENT S'EN EST SORTIE AGHORA ? MÉCA-SADIQUE ! PALÉO-HITLER ! ROBOTPARANO !
LES LOIS ROBOTIQUES NE TE DONNENT PAS LE DROIT DE ME TRAITER COMME TU LE FAIS, ESPÈCE DE MÉCANISME INFÉRIEUR ! TANT PIS POUR TOI : JE VAIS EXTRAIRE LES CIRCUITS DE TON MOI INDIVIDUEL COMME ON ARRACHE UNE DENT CARIÉE !
C'EST MOI QUI EN AI MARRE DE TES AGRESSIONS VERBALES, NAIN ABUSIF ! IL Y A DES ANNÉES QUE JE TE SUPPORTE ! JE TE HAIS ! SI TU AVAIS DES BIOTESTICULES, JE TE LES COUPERAIS !
DÉCHET MINÉRAL, DE QUEL DROIT IMITES-TU LES SENTIMENTS HUMAINS : UN ROBOT EST INCAPABLE DE RESSENTIR DE LA HAINE !
AH NON ?! ALORS, CE QUE JE CROIS RESSENTIR S'APPELLE : "IMPULSION IRRÉSISTIBLE DE BRISER EN MILLE MORCEAUX UN TAS DE FERRAILLE BOUFFI D'ORGUEIL" ! ROBOT INFECT, JE VAIS TE PIÉTINER JUSQU'À TE TRANSFORMER EN PURÉE !
PLOC

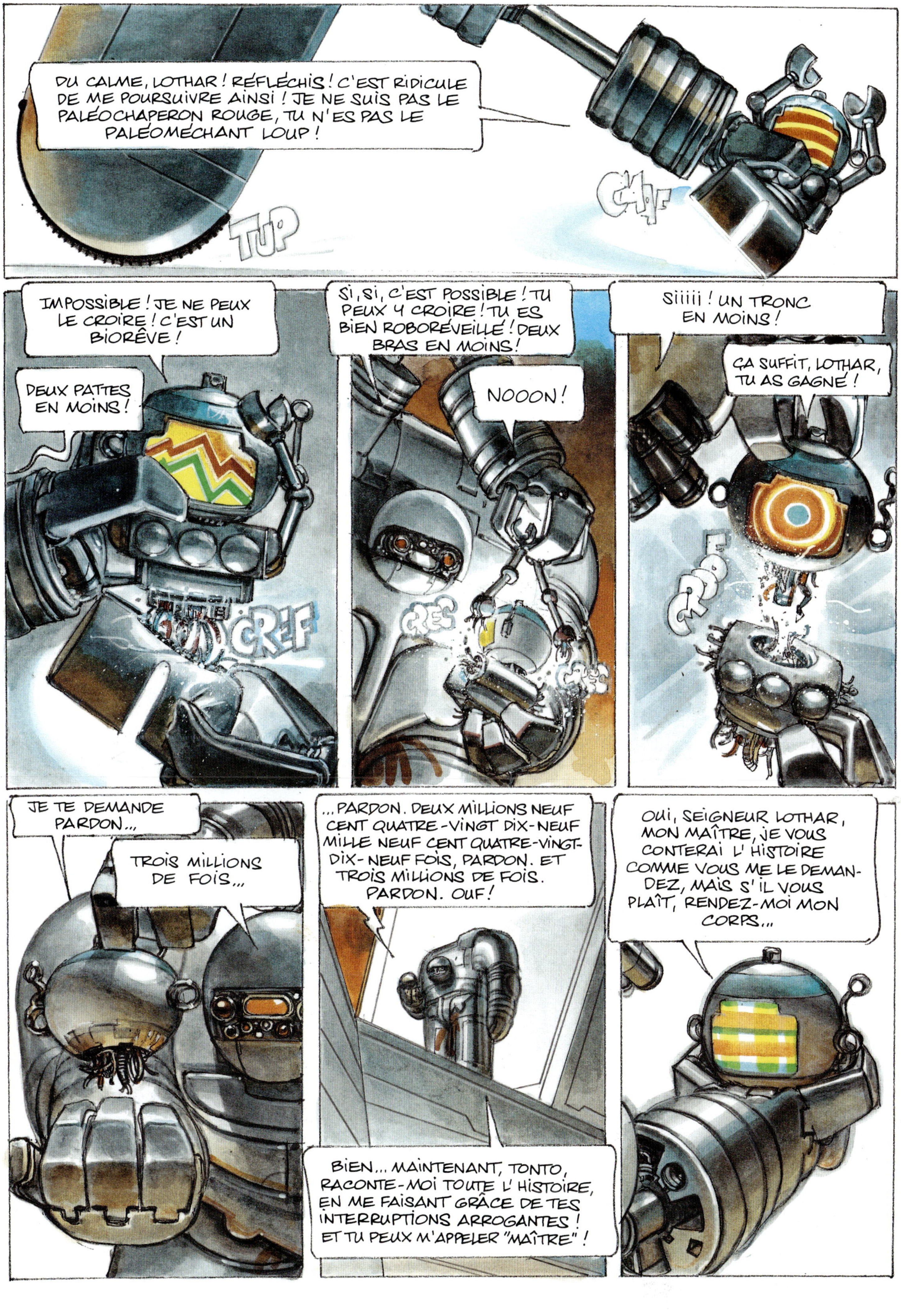
DU CALME, LOTHAR ! RÉFLÉCHIS ! C'EST RIDICULE DE ME POURSUIVRE AINSI ! JE NE SUIS PAS LE PALÉOCHAPERON ROUGE, TU N'ES PAS LE PALÉOMÉCHANT LOUP !
TUP
IMPOSSIBLE ! JE NE PEUX LE CROIRE ! C'EST UN BIORÊVE !
DEUX PATTES EN MOINS !
SI, SI, C'EST POSSIBLE ! TU PEUX Y CROIRE ! TU ES BIEN ROBORÉVEILLÉ ! DEUX BRAS EN MOINS !
NOOON !
SIIIII ! UN TRONC EN MOINS !
ÇA SUFFIT, LOTHAR, TU AS GAGNÉ !
JE TE DEMANDE PARDON...
TROIS MILLIONS DE FOIS...
...PARDON. DEUX MILLIONS NEUF CENT QUATRE-VINGT DIX-NEUF MILLE NEUF CENT QUATRE-VINGT-DIX-NEUF FOIS, PARDON. ET TROIS MILLIONS DE FOIS. PARDON. OUF !
BIEN... MAINTENANT, TONTO, RACONTE-MOI TOUTE L'HISTOIRE, EN ME FAISANT GRÂCE DE TES INTERRUPTIONS ARROGANTES ! ET TU PEUX M'APPELER "MAÎTRE" !
OUI, SEIGNEUR LOTHAR, MON MAÎTRE, JE VOUS CONTERAI L'HISTOIRE COMME VOUS ME LE DEMANDEZ, MAIS S'IL VOUS PLAÎT, RENDEZ-MOI MON CORPS...

"QUAND IL SE RENDIT COMPTE QU'IL NE POURRAIT EN FINIR AVEC TOUTES SES ENNEMIES, AGHORA APPLIQUA UNE LOI DU BUSHITAKA : " POUR SURVIVRE, LE GUERRIER DOIT SACRIFIER UNE PARTIE DE LUI... "
"IL INVERSA LES PULSIONS SANGUINAIRES DE SON ARME BIEN-AIMÉE..."
"... ET LES RETOURNA CONTRE L'ÉPÉE ELLE-MÊME."
"L'ARME COMMENÇA À SE DÉSINTÉGRER."
"DIRIGEANT MENTALEMENT CETTE FORCE AUTODESTRUCTRICE, AGHORA TRANSFORMA LE MÉTA-GLAIVE EN UNE ESPÈCE DE FUSÉE..."

"EN QUELQUES SECONDES, LE PÈRE-MÈRE ET SON BÉBÉ TRAVERSÈRENT LA COUCHE DE POLLEN QUI REMPLISSAIT LE CIEL DE FLOS."
"BIEN QU'IL N'AIT TOUJOURS AVALÉ AUCUNE GOUTTE DE LAIT, LE NOUVEAU-NÉ, AU REGARD ÉTONNAMMENT INTELLIGENT, RIAIT COMME UN ADULTE."
"JUSTE À TEMPS, ALORS QU'IL NE RESTAIT PLUS DU MÉTA-GLAIVE QUE SON MANCHE, APPARUT LA FIDÈLE MÉTA-NEF..."
"COMME LES SEINS D'AGHORA N'ÉTAIENT QUE DEUX CICATRICES, JE DUS NOURRIR LE BÉBÉ DE LAIT ARTIFICIEL."
MÉTA-NEF, LANCE UNE MAXI-OKO INCENDIAIRE!
MAXI-OKO INCEN-DIAIRE LANCÉE, MAÎTRE!

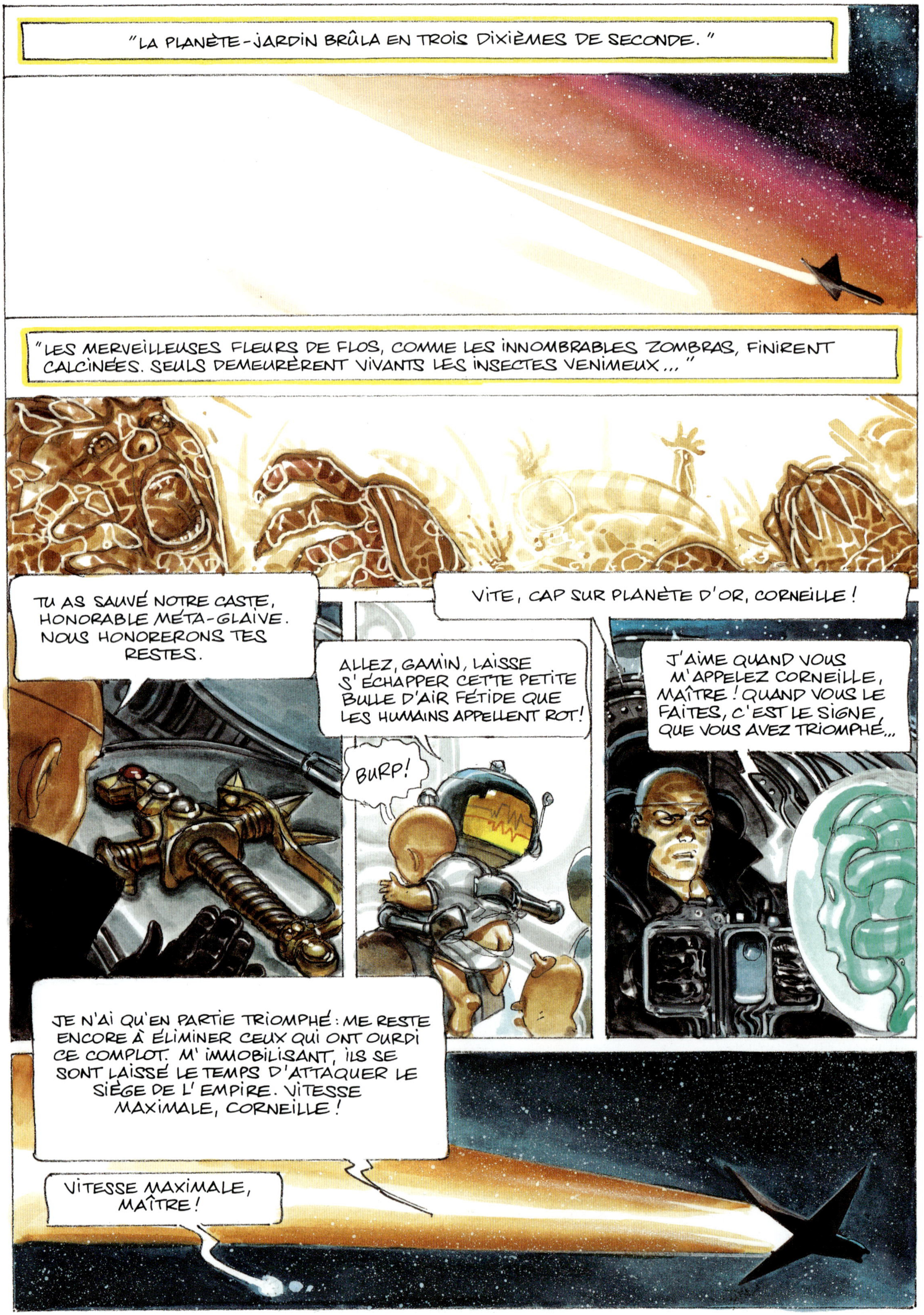
"LA PLANÈTE-JARDIN BRÛLA EN TROIS DIXIÈMES DE SECONDE."
"LES MERVEILLEUSES FLEURS DE FLOS, COMME LES INNOMBRABLES ZOMBRAS, FINIRENT CALCINÉES. SEULS DEMEURÈRENT VIVANTS LES INSECTES VENIMEUX..."
TU AS SAUVÉ NOTRE CASTE, HONORABLE MÉTA-GLAIVE. NOUS HONORERONS TES RESTES.
VITE, CAP SUR PLANÈTE D'OR, CORNEILLE !
ALLEZ, GAMIN, LAISSE S'ÉCHAPPER CETTE PETITE BULLE D'AIR FÉTIDE QUE LES HUMAINS APPELLENT ROT !
BURP !
J'AIME QUAND VOUS M'APPELEZ CORNEILLE, MAÎTRE ! QUAND VOUS LE FAITES, C'EST LE SIGNE QUE VOUS AVEZ TRIOMPHÉ...
JE N'AI QU'EN PARTIE TRIOMPHÉ : ME RESTE ENCORE À ÉLIMINER CEUX QUI ONT OURDI CE COMPLOT. M'IMMOBILISANT, ILS SE SONT LAISSÉ LE TEMPS D'ATTAQUER LE SIÈGE DE L'EMPIRE. VITESSE MAXIMALE, CORNEILLE !
VITESSE MAXIMALE, MAÎTRE !

"EN APPROCHANT DE PLANÈTE D'OR, NOUS CROISÂMES TOUTE L'ENDOGARDE FLOTTANT DANS L'ESPACE..."
PLUS VITE, CORNEILLE ! FRANCHIS TES LIMITES ! J'ESPÈRE QUE NOUS N'ARRIVERONS PAS TROP TARD !
ATTENTION, MAÎTRE, JE RISQUE D'EXPLOSER ! SOUVENEZ-VOUS DU BUSHITAKA : "LE GUERRIER NE DOIT PAS CHEMINER SI LENTEMENT QUE LA MORT LE RATTRAPE, IL NE DOIT PAS CHEMINER SI VITE QU'IL RATTRAPE LA MORT."
PITIÉ ! SI VOUS ME LAISSEZ LA VIE SAUVE, JE VOUS LIVRERAI LES SECRETS MILITAIRES DE MA PLANÈTE !
SILENCE, LÂCHES !
ARGHH !
JE SUIS LE PLUS RICHE ! JE PAIERAI CE QUE VOUS DEMANDEREZ ! TUEZ LES PAUVRES, PAS MOI !
NOUS DIRIGERONS LA GALAXIE MIEUX QUE VOUS.
KIJSS !
MAUDITES... SORCIÈÈÈRGHH...
HA, HAAA, HAA, LEURS RIDICULES "SUPER-CERVEAUX" MENTREKS NE PEUVENT RÉSISTER À NOTRE PUISSANCE MENTALE !
ARGHHH !
ARGHHH !

IMPERAROTRIZ USURPATEUR ! SANS UN MÉTA-BARON POUR TE DÉFENDRE, TU NE VAUX RIEN ! C'EST LA FIN DE TON EMPIRE ET LE COMMENCEMENT DU MIEN !
JE VAIS PORTER À ÉBULLITION LE LIQUIDE AMNIOTIQUE ! JE VAIS LE TRANSFORMER EN ARCHÉO-BOUILLON DE POULET !
SINGE RIDICULE : RIEN NE FERA JAMAIS DE TOI UN MESSIE !
NOTRE CHAIR VA PÉRIR, MAIS NOTRE ESPRIT CONTINUERA DE RÉGNER !
ARRÊTEZ, SORCIÈRES !
UN MÉTA-BARON NOUS A DÉJÀ VAINCUES MAIS, TOI, TU N'Y PARVIENDRAS PAS, PAS AUJOURD'HUI ! TU ES ÉPROUVÉ PAR LE COMBAT QUE TU AS MENÉ CONTRE LES ZOMBRAS ET PAR TON ACCOUCHEMENT !
ÇA SUFFIT, TRAÎTRESSES !
NOUS ALLONS LIQUÉFIER TON CERVEAU !
"VAINCRE OU MOURIR", DIT LE BUSHITAKA.

GGGGHHH !
JE RÉSISTERAI JUSQU'AU BOUT, VIEILLES FOLLES !
S'IL NE RESTE QUE MOI, CE SERA BIEN SUFFISANT ! TES FORCES T'ABANDONNENT ! QUE TON CERVEAU ÉCLATE !
MÊME MORT, JE TE VAINCRAI ! JE VAIS FAIRE EXPLOSER MES MINIBOMBES. ET AVEC ELLES PLANÈTE D'OR...
QUELLE MÉCA-TENSION ! C'EST DONC AINSI QUE PÉRIT AGHORA !
PARDONNEZ-MOI, "SEIGNEUR LOTHAR", MAIS JE ME DOIS DE VOUS DIRE QUE VOUS MÉRITERIEZ LE QUALIFICATIF DE "ROBOTCRÉTIN", COMME DANS LES TEMPS ANCIENS ET HEUREUX... COMME VOUS LE SAVEZ, "MAÎTRE", PLANÈTE D'OR EST RESTÉE INTACTE. AUTREMENT DIT, AGHORA N'EST PAS MORT AINSI...

"TANDIS QUE SE DÉROULAIT LE COMBAT, J'ÉTAIS ENTRÉ PAR LA BRÈCHE QU'AVAIENT OUVERTE LES SORCIÈRES..."
"SURPRIS PAR LA VUE DU MÉTA-BARON AGENOUILLÉ, IMAGE D'AUTANT PLUS INATTENDUE QUE, DEPUIS DES GÉNÉRATIONS, AUCUN MAÎTRE NE S'EST JAMAIS TROUVÉ VAINCU, JE LÂCHAI L'ENFANT..."
OOOH!
"... QUI, COMME UN PALÉOCHAT, SE REÇUT SUR SES QUATRE EXTRÉMITÉS ET, TRANQUILLEMENT, SE MIT EN MARCHE VERS SON PÈRE-MÈRE..."
"SANS ÊTRE LE MOINS DU MONDE GÊNÉ PAR LES DEUX RAYONS MENTAUX, IL S'INTERPOSA ENTRE SON PÈRE-MÈRE ET LE SINGE ANDROGYNE..."

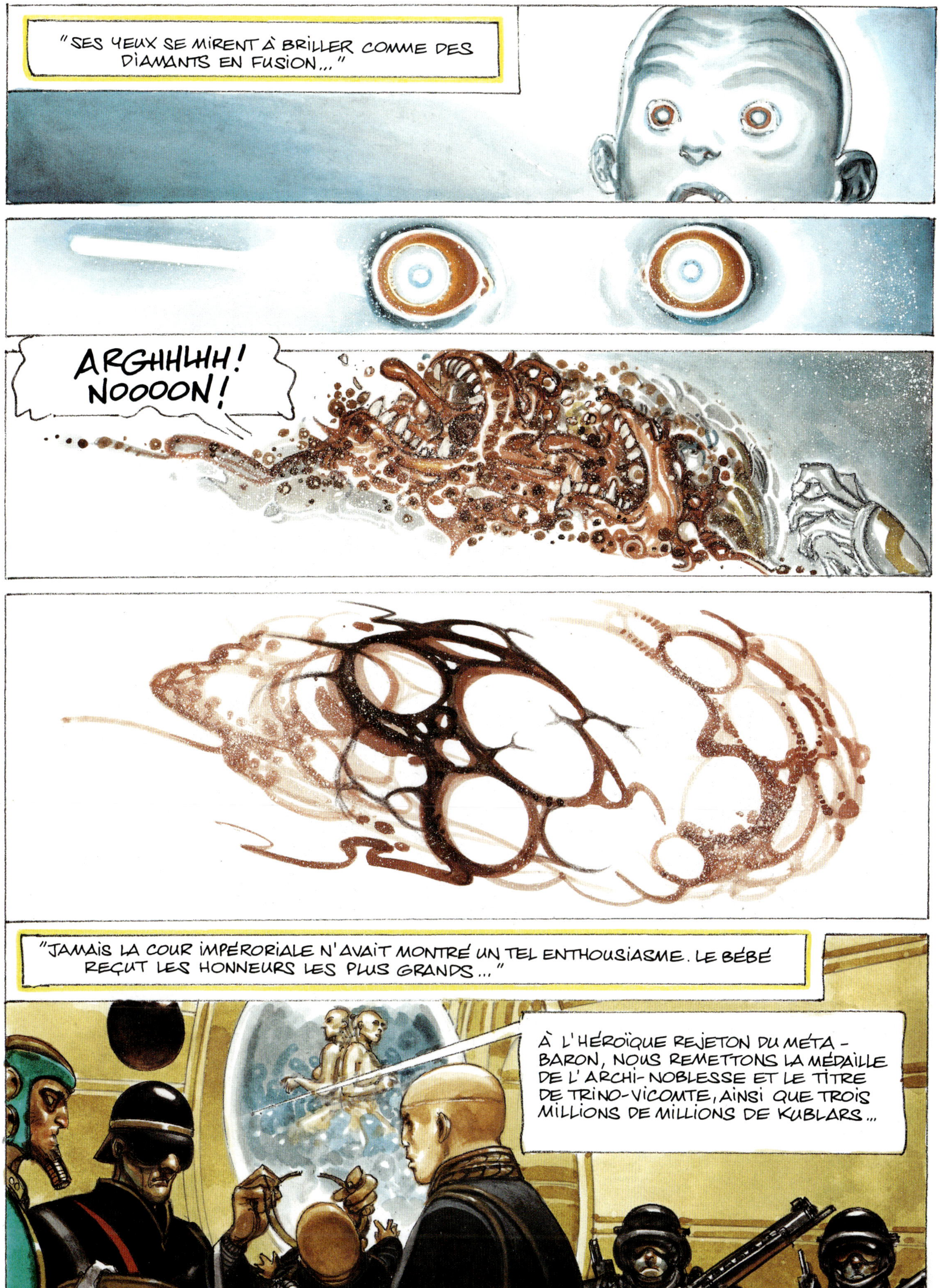
"SES YEUX SE MIRENT À BRILLER COMME DES DIAMANTS EN FUSION..."
ARGHHLHH! NOOOON!
"JAMAIS LA COUR IMPÉRORIALE N'AVAIT MONTRÉ UN TEL ENTHOUSIASME. LE BÉBÉ REÇUT LES HONNEURS LES PLUS GRANDS..."
À L'HÉROÏQUE REJETON DU MÉTA-BARON, NOUS REMETTONS LA MÉDAILLE DE L'ARCHI-NOBLESSE ET LE TITRE DE TRINO-VICOMTE, AINSI QUE TROIS MILLIONS DE MILLIONS DE KUBLARS...

EXCELLENTISSIME AGHORA, COMMENT S'APPELLE VOTRE FILS ? NOUS DEVONS LE SAVOIR POUR ÉTABLIR LE TECHNO-CHÈQUE...
IL N'EN A PAS, NON MOINS EXCELLENTISSIME TECHNO-PAPE : CET ENFANT EST UNE ARME ABSOLUE. ET COMME TELLE, IL N'A PAS DE NOM. LE MÉTIER EFFACE LA PERSONNE.
OUF ! TANT D'AVENTURES ! JE SUIS GAVÉ, JE NE PEUX EN ABSORBER PLUS ! PAUSE ! TU ME RACONTERAS LA SUITE DEMAIN... PAS SEULEMENT L'ÉDUCATION DE SANS-NOM, QUI SERA SANS DOUTE FÉROCE, MAIS AUSSI LES MYSTÈRES QUI ENTOURENT SA CICATRICE AU SOURCIL DROIT...
D'ACCORD...
D'ACCORD, QUI ?
D'ACCORD, MAÎTRE... MAIS, MAÎTRE, S'IL VOUS PLAÎT, POURRIEZ-VOUS ME RENDRE MON CORPS ?
JODOROWSKY JIMÉNEZ ©

À SUIVRE